新型职业农民培育规划教材

油菜规模生产经营

◎ 宋志伟　陶郁萍　张倩伟　主编

U0348678

中国农业科学技术出版社

图书在版编目（CIP）数据

油菜规模生产经营／宋志伟，陶郁萍，张倩伟主编．—北京：
中国农业科学技术出版社，2015.8

ISBN 978 - 7 - 5116 - 2192 - 4

Ⅰ.①油… Ⅱ.①宋…②陶…③张… Ⅲ.①油菜 – 蔬菜园艺 –
技术培训 – 教材 Ⅳ.①S634.3

中国版本图书馆 CIP 数据核字（2015）第 169739 号

责任编辑 张孝安
责任校对 马广洋

出 版 者 中国农业科学技术出版社
北京市中关村南大街 12 号 邮编：100081
电 话 (010)82109708(编辑室) (010)82109702(发行部)
(010)82109709(读者服务部)
传 真 (010)82106650
网 址 http://www.castp.cn
经 销 者 各地新华书店
印 刷 者 北京富泰印刷有限责任公司
开 本 850mm ×1 168mm 1/32
印 张 6.375
字 数 165 千字
版 次 2015 年 8 月第 1 版 2015 年 8 月第 1 次印刷
定 价 26.00 元

《油菜规模生产经营》
编 委 会

主　编　宋志伟　陶郁萍　张倩伟

副主编　杨首乐　徐明辉　蒋胜军

编　者　刘轶群　徐进玉　田　芳

内容简介

　　本书根据《生产经营型职业农民培训规范（油菜生产）》进行编写，可作为生产经营型职业农民培训教材。主要介绍了主要介绍了油菜生产概况、油菜规模生产计划与耕播技术、油菜规模生产生育进程各阶段栽培管理技术、油菜规模生产收获贮藏与秸秆还田、油菜优质高产栽培技术、油菜规模生产成本核算与产品销售等知识。本书采用培训模块模式进行编写，力求实用性、通俗性和和先进性，强调适合农村特点，做到让农民看得懂、用得上。

　　本书可作为生产经营型职业农民培训与农业技术人员培训教材，亦可供相关专业的教师、农技推广人员、工程技术人员作为参考用书。

编写说明

新型职业农民是现代农业生产经营的主体。开展新型职业农民教育培训，提高新型职业农民综合素质、生产技能和经营能力，是加快现代农业发展，保障国家粮食安全，持续增加农民收入，建设社会主义新农村的重要举措。党中央、国务院高度重视农民教育培训工作，提出了"大力培育新型职业农民"的历史任务。实践证明，教育培训是提升农民生产经营水平，提高新型职业农民素质的最直接、最有效的途径，也是新型职业农民培育的关键环节和基础工作。

为贯彻落实中央的战略部署，提高农民教育培训质量，同时也为各地培育新型职业农民提供基础保障——高质量教材，按照"科教兴农、人才强农、新型职业农民固农"的战略要求，迫切需要大力培育一批"有文化、懂技术、会经营"的新型职业农民。为做好新型职业农民培育工作，提升教育培训质量和效果，我们组织一批国内权威专家学者共同编写一套新型职业农民培育规划教材，供各新型职业农民培育机构开展新型职业农民培训使用。

本套教材适用新型职业农民培育工作，按照培训内容分别出版生产经营型、专业技能型和社会服务型三类。定位服务培训对象、提高农民素质、强调针对性和实用性，在选题上立足现代农业发展，选择国家重点支持、通用性强、覆盖面广、培训需求大的产业、工种和岗位开发教材；在内容上针对不同类型职业农民特点和需求，突出从种到收、从生产决策到产品营销全过程所需掌握的农业生产技术和经营管理理念；在体例上打破传统学科知识体系，以"农业生产过程为导向"构建编写体系，围绕生产过程和生产环节进行编写，实现教学过程与生产过程对接；在形式上采用模块化编写，教材图文并茂，通俗易懂，利于激发农民学习兴趣，具有较强的可读性。

《油菜规模生产经营》是系列规划教材之一，适用于从事现代油菜产业的生产经营型职业农民，也可供专业技能型和专业服务型职业农民选择学习。本教材根据《生产经营型职业农民培训规范（油菜生产）》要求编写，主要介绍了油菜生产概况、油菜规模生产计划与耕播技术、油菜规模生产生育进程各阶段栽培管理技术、油菜规模生产收获贮藏与秸秆还田、油菜优质高产栽培技术、油菜规模生产成本核算与产品销售等知识。鉴于我国地域广阔，生产条件差异大，各地在使用本教材时，应结合本地区生产实际进行适当选择和补充。

由于作者水平有限，书中难免存在疏漏和错误之处，敬请专家、同行和广大读者批评指正。

宋志伟

2015 年 7 月

目　录

模块一 现代油菜生产概况

一、油菜生产概况

（一）世界油菜生产概况

油菜生产广泛分布于世界各地，从南纬40°到北纬60°都有种植，主要产区集中在亚欧美三大洲。其中，亚洲的中国和印度是世界上栽培最悠久的国家。20世纪80年代以来，世界油菜发展很快，1979—1998年20年间油菜的播种面积和总产量分别增长了2倍多和3倍，成为世界上仅次于大豆的第二大油料作物。2010年世界油菜种植面积38 000万亩*，单产111千克/亩，总产量达4 220万吨，产量最多的国家是中国、印度、加拿大、法国、德国、澳大利亚等。世界油菜主产国的种植面积和总产量如表1-1所示。

表1-1 2010年世界油菜主产国面积、单产、总产

国家	面积		单产千克/亩	总产量		主要品类
	万亩	占世界总面积（%）		万吨	占世界总产（%）	
中国	12 000	31.6	115	1 380	32.7	甘蓝型为主
印度	7 000	18.4	70	490	11.6	芥菜型为主、白菜型次之
加拿大	8 000	21.1	100	800	19.0	白菜型50%、甘蓝型50%

---

* 1亩≈667平方米，15亩=1公顷，全书同

（续表）

国家	面积		单产千克/亩	总产量		主要品类
	万亩	占世界总面积（%）		万吨	占世界总产（%）	
法国	1 700	4.5	190	323	7.7	甘蓝型为主、少量白菜型
德国	1 800	4.7	240	432	10.2	甘蓝型为主、少量白菜型
澳大利亚	2 500	6.6	100	250	5.9	甘蓝型为主、白菜型占20%
全球合计	38 000		111	4 220		

全世界种植油菜的国家24个，总面积3.8亿亩，各大洲面积大小依次为亚洲＞欧洲＞北美洲＞大洋洲＞非洲＞南美洲。世界油菜平均单产111千克，欧洲平均单产190千克以上，尤其是德国平均单产高达240千克；单产最低的是印度，亩产仅70千克左右。

加拿大1942年开始引种油菜，澳大利亚1970年才开始发展油菜，是油菜生产的一个新区。而我国油菜种植已有数千年历史，油菜单产和品质都不及欧洲、北美洲、大洋洲等国。

在油菜生产和品质上，欧美地区等许多国家已实现油菜生产优质化。油菜杂种优势在中国得到广泛利用。由于油菜科技的进步和市场需求的增加，加速了世界油菜生产优质化、杂交化进程，促进了世界油菜生产的发展。

（二）中国油菜生产概况

中国是油菜的起源地之一，种植油菜的历史已有几千年。油菜生产分布在全国各地，东起滨海地区，西到青藏高原，南达亚热带的水稻产区及红黄壤丘陵区，北至黑龙江及三江平原。按种植制度、播种季节的不同，全国可分为西北、东北的一年一熟春油菜区；黄河流域及其以南的广大地区为一年两熟或三熟的秋冬播油菜区；青藏高原、云贵高原部分山区的夏播油菜区。中国是世界上最大的油菜生产国，年均播种面积和总产量均占世界的1/4，其中，长江流域是中国的油菜集中产区，油菜播种面积、总产量均占全国的90%以上。

1979年以前，中国油菜种植面积为3 000万~3 750万亩，此后，油菜生产发展迅速。20世纪80年代是中国油菜生产快速增长期，每年平均产量491.7万吨，1980年总产量开始跃居世界第一位。进入20世纪90年代，油菜生产任保持持续增长的势头，1992年单产超过了世界平均水平。1995年，油菜生产面积发展到10 360万亩，总产977.7万吨，亩产为94.27千克。2000年以后，虽然油菜品种发展至双低高产，品质进一步提升，但在比较收益模型的驱动下，我国油菜播种面积停滞不前，油菜籽生产飞跃发展的步伐也因此被迫放缓。（表1-2）。

表1-2　我国油菜生产发展历程

年代	1950—1960	1960—1980	1980—1990	1990—2000	2000年以后
品种	白菜型芥菜型	甘蓝型常规品种开始试种（混合型）	开始推广甘蓝型杂交种、单低甘蓝型常规种	开始应用双低甘蓝型杂交油菜	品种发展至双低高产，品质进一步提升
种植面积（万亩）	<3 000	<4 000	<8 000	11 000~12 000	10 000左右
单产（千克/亩）	<40	<50	<80	>100	110左右

我国油菜籽种植面积近几年很难有大的突破，因此，影响最终产量的是单产，而单产又受天气的影响，尤其在生长过程中，干旱、低温、洪涝等恶劣天气将使油菜籽单产下降，出油率降低。2012年全国油菜籽的平均单产基本扭转了之前三年大幅下滑的势头，全国平均单产达到110千克/亩，与2009年的125千克/亩已相差不多，其中，河南省、湖北省、江苏省等省的平均单产

相对较高，在 160 千克/亩，部分田块甚至达到 200 千克/亩以上。

从全国油菜籽每年的总产量走势图来看，基本上与当年各省的油菜籽种植面积成正比，即种植面积增加，其总产量也相应增加。2009 年，全国总产量达到 1 380 万吨，2012 年为 1 100 万吨。2012 年，全国油菜籽总产量排在前三位的省份分别是湖北省、四川省和湖南省，而我国西北地区的油菜籽产量相对较低，仅占全国总产量的 10%，2012 年，西北地区的油菜籽产量达到 105 万吨，首次突破百万吨大关。

根据播种季节不同地域水热条件特点，我国油菜种植分为春油菜和冬油菜。我国油菜籽播种最早起源于青海省、内蒙古自治区和甘肃省一带。自明代以后，冬种油菜技术得到解决，油菜种植逐渐从西北高原地区转向长江流域。目前，我国东北和西北地区仍然是春油菜的主产区，其中，以内蒙古自治区海拉尔地区最为集中。春油菜为一年一熟制，实行春种（或夏种）秋收，寒冷的生长环境有利于菜籽中油脂成分的积累，春菜籽含油率普遍高于冬菜籽，可以达到 40%～44%。但春菜籽种植范围较为局限，播种面积与产量仅占全国的 7%～8%。

目前，我国菜籽生产更多地依靠冬油菜，冬油菜的播种区域主要集中在长江流域，包括江苏省、安徽省、湖北省、江西省、湖南省、浙江省等省，播种面积和产量占全国总量的半数以上，其中，湖北省和湖南省的油菜播种面积已经超过 100 万公顷。西南地区包括四川省、贵州省、云南省和重庆市在我国的菜籽生产中也占有举足轻重的地位。冬油菜冬天播种，次年夏天收获，平均气温下限为 10℃，最冷月平均气温下限为 -5℃，冬油菜种植区多为一年两熟或一年三熟制。冬油菜籽的出油率相对春油菜籽以及进口加拿大菜籽偏低，平均出油率为 38%。

（三）我国油菜的分布与分区

1. 全国油菜分区

中国油菜的分布遍及全国，共有 31 个省、自治区、直辖市种植油菜。北起黑龙江和新疆维吾尔自治区，南至海南，西至青藏高原，东至沿海各省均有分布。

按农业区划和油菜生产的特点，以六盘山（宁夏回族自治区境内）和太岳山（山西境内）为界线，大致将中国种植区域分为冬油菜和春油菜两大产区。六盘山以东和延河（陕西境内）以南、太岳山以东为冬油菜区。六盘山以西和延河以北、太岳山以西为春油菜区。

冬油菜区集中分布于长江流域各地及云贵高原。此区域无霜期长，冬季温暖，一年两熟或三熟，适于油菜秋播夏收，种植面积和总产量约占全国的 90%。冬油菜区又分 6 个亚区：华北关中亚区、云贵高原亚区、四川盆地亚区、长江中游亚区、长江下游亚区和华南沿海亚区。其中，四川盆地、长江中游、长江下游 3 个亚区是冬油菜的主产区，实行油、稻或油、稻、稻的一年两熟或三熟制。

春油菜区冬季严寒，生长季节短，降水量少，日照长且强度及昼夜温差大，对油菜种子发育有利；1 月平均温度为 −20 ~ −10℃或更低，为一年一熟制，实行春种（或夏种）秋收，种植面积及产量均占全国的 10% 以上。春油菜区又分 3 个亚区：青藏高原亚区、蒙新内陆亚区和东北平原亚区。春油菜区有西北原产的白菜型小油菜和分布广泛的芥菜型油菜。蒙新内陆亚区与冬油菜区的云贵高原亚区，是中国芥菜型油菜类型分化最多和种植面积最大的地区。西北地区是世界上单产最高的地区，而东北平原则为中国新发展的春油菜区。

2. 长江流域冬油菜优势区域

长江流域冬油菜是中国油菜主要产区，也是世界上油菜分布最为集中、规模最大、开发潜力最大的油菜集中产区。全流域面积达 180 多万平方千米，油菜播种面积、产量均占全国的 85% 以上，其中湖北省、安徽省、江苏省、四川省和湖南省的产量居全国前 5 位。长江流域产量占世界产量的 1/4 以上，多于欧洲和加拿大。可以说，长江流域冬油菜区的油菜产业水平代表着中国油菜产业的整体水平。长江流域油菜带是世界上的油菜主要生产带，与世界油菜主要生产国（地区）如欧洲、加拿大及澳大利亚相比，长江流域发展油菜产业具有得天独厚的优势。通过推广双低油菜，发展油菜产业，完全可参与亚太地区及世界国际贸易或国际市场竞争。

在中国农业部对 2003—2007 年进行的优势农产品区域布局规划中，根据资源状况、生产水平和耕作制度，将长江流域油菜优势产区进一步划分为上游、中游、下游 3 个区，并在其中选择优先发展地区或县市。其主要条件是：油菜种植集中度高，播种面积占冬种作物的比重分别为上游区占 30%、中游区占 40%、下游区占 30%；有适合的双低品种，推广面积已达 70%；区内和周边地区有带动能力较强的加工龙头企业。

（1）长江上游优势区。该区包括四川省、重庆市、云南省、贵州省的 36 个县（市、区），其中，四川省 18 个、贵州省 10 个、重庆市 4 个、云南省 4 个。该区气候温和湿润，相对湿度大，云雾和阴雨日多，冬季无严寒，有利于秋播油菜生长。温、光、水、热条件优越，油菜生产水平较高，耕作制度以两熟制为主。

该区种植油菜 16.78 万公顷，油菜籽产量 307 万吨，面积、产量均占长江流域的 27%。四川省历来有食用菜籽油的传统，因为油菜种植面积很广，全省除了甘孜、阿坝、凉山 3 个少数民族自治州以及攀枝花市以外，所有的地市都有油菜种植，主要分布在德阳、绵阳、眉山、遂宁和内江等地。

（2）长江中游优势区。该区包括湖北省、湖南省、江西省、安徽省和河南省信阳的 92 个县（市、区）。安徽省大部分油菜生产区地理位置在长江下游，但油菜的品种、生产条件和产业水平均与长江中游接近，所以被划为长江中游区，属亚热带季风气候，光照充足，热量丰富，雨水充沛，适宜油菜生长。主要耕作制度北部以两熟制为主，南部以三熟制为主。该区种植油菜37.02 万公顷，油菜籽产量 639 万吨，面积、产量分别占长江流域的 59% 和 56%，是长江流域油菜面积最大、分布最集中的产区。湖北省油菜种植区域在江汉平原、鄂东地区，主要在荆州、荆门、襄樊、宜昌、孝感、黄冈和黄石地区。安徽省油菜种植面积及产量仅次于湖北省，居全国第二位，主要种植集中在六安、合肥、滁州、巢湖、芜湖、安庆、宣成等地，基本上是在淮河以南及沿长江一带。湖南省油菜种植区域集中在洞庭湖平原，主要是常德、益阳、岳阳地区。

（3）长江下游优势区。该区包括江苏省、浙江省、上海市 3 省、直辖市的 22 个县（市、区）。属于亚热带气候，受海洋气候影响较大，雨水充沛，日照丰富，光温水资源非常适宜油菜生长。其主要不利因素是地下水位较高，易造成渍害。土地劳力资源紧张，生产成本高。耕作制度以两熟制为主。该区种植油菜88.8 万公顷，油菜籽产量 204 万吨，面积、产量分别占长江流域的 14% 和 18%，是长江流域油菜籽单产水平最高的产区。江苏省、浙江省、上海市地处长江三角洲，交通便利，港口贸易活跃，油脂加工企业规模大，带动能力强。江苏省油菜种植区域主要集中在长江以北，包括盐城、扬州、泰州、南通、南京等丘陵地区。浙江省油菜主集中在两个区域：一是浙北的杭（州）嘉（兴）湖（州）地区；二是浙南的衢州 – 金华地区，两地区油菜籽产量约占浙江总产量的 85%。近年来，浙江油菜种植面积和产量都大幅下降，特别是杭嘉湖地区由于工业快速发展，减少幅度更大。

3. 西北地区油菜优势区

西北地区所辖宁夏回族自治区、青海省、甘肃省、新疆维吾尔自治区、陕西省5省（自治区）均有油菜种植，该地区土壤、水分、温度、光照等主要生态因子以及影响水热分布的地形地貌大体相似，油菜的生产历史、现状和生产水平、耕作制度、品种类型相对一致，油菜生产潜力和增产途径趋势相近。

（1）渭北春夏复播兼种区。该区油菜零星种植分布，仅渭北旱塬面积较大，以二年三熟秋播为主，今年引进青海小油菜作填闲栽培或春麦后复种大面积试验取得成功。秋播油菜品种为抗寒耐旱的白菜型，一般8月下旬播种，6月上旬收获，生育期270天以上。春播油菜3月上、中旬播种，6月中旬收获，生育期70～90天。该区冬寒春旱，秋播油菜整个生育期间均处于不利气候条件下，加之病虫为害重，保收率低，目前研究力量薄弱，生产上沿用老品种和栽培技术，但油菜栽培历史悠久，应搞好作物搭配，建立合理的耕作制度，尽快整理鉴定出抗寒、耐旱、抗病毒病品种，推广单作经验，改进栽培技术，防治蚜虫和种蛆，提高保收率和单产。水源好的地方因地制宜地发展春播填闲栽培或夏播油菜。

（2）甘宁新春夏复播春播兼种油菜区。主要分布在甘宁、北疆、南疆三大区域。甘肃省河西走廊以春播夏收或夏种秋收较多。新疆维吾尔自治区伊犁河谷西部冬有积雪，秋播油菜占主导地位。该地区干旱少雨，蒸发强，湿度小，冬季严寒，春温上升快，夏温较高，目前，种植面积较大的是一年一熟制春播油菜，未能充分利用有效温光资源，应着重发展与粮食作物套种复种的春夏播油菜栽培技术。

（3）青藏高原春播油菜区。以青海省东部和甘肃省西南高寒山地最为集中，有的地方形成单种油菜区，是我国春播油菜的重要产地。主要种植生长期短的白菜型小油菜。浅山地区种植生长期长的大油菜为主。该区具有适宜春播油菜生育的气候条件，扩种油菜的潜力大，但目前多数地方耕作粗放，生产水平低，应加强技术指导，有计划推广适应高寒山地的油菜品种及栽培技术。

二、油菜的生产地位

油菜不仅是主要的食用油来源，而且在现代工业、食品、医药保健、生物能源以及生态景观等方面都具有重要意义。

1. 重要的食用植物油源

植物油脂是人们日常生活必须需的食品，是人体热量的重要来源。油菜籽含有33%～50%脂肪，是最重要的植物油源。菜油易于消化吸收，低芥酸菜油的不饱和脂肪酸（油酸、亚油酸等）达到80%以上，是营养价值很高的植物油。随着经济发展和人民生活水平的提高，中国植物油的消费量在1994年以后增长很快，至2014年，中国植物油消费总量（国产与进口）已达到了2 600万吨，其中，菜油占36%。

2. 菜籽油是非常健康的植物油

菜籽油作为主要的食用油源，含有丰富的脂肪酸和多种维生素，营养丰富，易于消化，最重要的是它还是非常健康的植物油，它的饱和脂肪酸含量不超过7%，是所有植物油中饱和脂肪酸含量最低的，长期食用有利于人类的心血管健康。它还对胆功能有益，有促进胆的嗜脂作用。在肝脏病理状态下，其脂肪也能被肝脏正常代谢，是其他动物油所不能及的。菜籽油还含有丰富的亚麻酸和亚油酸，亚油酸和亚麻酸都是动物必需的脂肪酸。亚油酸在体内参与磷素的合成，并以磷脂形式出现在线粒体和细胞膜中，新生组织和受损组织修复都需亚油酸，缺乏亚油酸会引起生长停滞，产生脱毛和雌性不孕症。菜籽油在食品工业中也有重要作用，用低芥酸菜籽油制造奶油，因其不含胆固醇，且价格低廉，很受欢迎。

3. 能够提供优质饲料和植物蛋白

菜籽榨油后得到约60%的饼粕，饼粕中含35%～39%的蛋白质，其余为碳水化合物（30%~40%）、粗脂肪（2%~7%）、粗纤维（10%~14%）、维生素及多种矿物质，成分与大豆饼粕相近。菜饼粗蛋白有72%的氨基酸，所含8种氨基酸的组成与世界卫生组织推荐的模式非常相近，可广泛用于人类蛋白质食品的加工，1亩油菜可生产约26千克植物蛋白。目前，中国每年有600万~700万吨的油菜籽饼粕尚待综合利用。

20世纪60年代育成低硫苷品种，使菜籽饼粕中的硫苷含量降到40微摩尔/克以下，可直接用作饲料蛋白源，用于养殖业，从而使菜籽蛋白成为重要的植物蛋白。随着中国油菜生产的进一步发展，油菜蛋白饼粕将达到800万~1 000万吨，成为中国重要饲料蛋白来源。

4. 提供多种工业原料

菜籽油在工业上的用途很广，高芥酸菜籽油可作铸钢、航天、航海等工业的高级润滑油和塑料工业的填充物、金属热处理的淬火油。菜籽油加工后，其用途更为广泛。如菜油经硫化处理后的黑油膏，可用作天然橡胶和合成橡胶的软化剂；菜油经过硫酸化和磺化后可代替蓖麻油生产太古油，又可进一步制成软白皮油，是制革工业的软化剂。菜油经过脱氢处理后可代替桐油作涂料，干燥快，耐日晒雨淋。菜油的下脚料也有很多用处，如毛菜油在碱炼过程产生的皂脚，可以提炼多种用途的脂肪酸，油脚还可以提炼磷脂。

5. 菜籽油是发展可再生生物柴油的理想原料

以低芥酸菜油为原料生产的生物柴油是矿物柴油的理想替代品，已引起欧洲各国的广泛关注。2004年，欧盟以低芥酸菜油为原料生产生物柴油约160万吨，占欧盟同期柴油生产总量的80%，有效缓解了石油短缺的局面。低芥酸油菜籽作为生物柴油原料有两大主要优势：一是菜油的脂肪酸碳链组成与柴油分子的碳链数相近，制成的生物柴油可以与矿物柴油任意混对，现有的柴油机和柴油配送系统基本上可以不做调整；二是含氧量高而硫的含量为零，不会产生二氧化硫和硫化物的排放，一氧化碳的排放量显著减少，可降解性也明显高于矿物柴油，具有优良的环保特性。

6. 重要的养地作物

油菜还是一种用地养地相结合的前茬作物，其根系能分泌有机酸溶解土壤中难以溶解的磷素，提高土壤中磷肥的有效性，在供给当季和夏季作物利用的同时，能不断改善土壤的理化性质，活跃土壤微生物，平衡养分吸收，起到良好的养地肥田作用。大量的落叶、落花以及收获后的残根和秸秆还田，能显著提高土壤肥力，改善土壤结构。菜籽饼是一种优质肥料：平均含氮 5.5%、磷 2.5%、钾 1.4%，此外，油菜的根茎叶花果壳都含有较高的氮磷钾元素。据试验，亩产 100～150 千克菜籽油从土壤中吸收的氮素，其榨油后的菜饼连同根茎叶全部还田，基本上可以平衡土壤氮的消耗量。而麦类作物则不然，据研究，麦类随落花落叶、根茎还田的含氮量只是氮素总吸收量的 26.7%～46.8%，其余 53.2%～73.3% 随收获带走。故农谚有"麦吃谷，油肥田"之说。

油菜也是良好的绿肥作物，尤其白菜型油菜中有不少枝叶繁茂和速生易烂的品种，在南方水田和北方旱田都有种植白菜型油菜作绿肥培肥土壤的习惯。特别是近年来节能减排和少施化肥而多用有机肥的绿色农业发展中，绿肥再次受到普遍重视。据京津稻田种植区的资料，水稻在 6 月中旬直播，播前都要种植一茬绿肥，选用白菜型早熟品种"青油 9 号"。该品种能在早春低温环境下快速生长，茎叶繁茂，于 6 月初压青，每亩产油菜鲜草 1 617 千克，直接压青田的水稻产量较未压青田提高 10% 以上，对水稻增产有重要作用。在长江以南的云贵川等省，在闲置的冬水田种植白菜型油菜作绿肥，大部分可以适时收获不影响正常插秧，个别年份和地区遇到特殊情况油菜不能成熟时，可压青为绿肥，既可调节农时，又可补充稻田有机质。据测定分析，用白菜型油菜速生品种做绿肥的肥田增产效果，同毛苕子、紫云英等绿肥作物相当。另外，油菜根系分泌的有机酸，可溶解土壤中难溶性的磷素，提高磷肥的利用率，在供给当季和下季作物利用的同时，能不断改善土壤的理化性质，活跃土壤微生物，平衡养分吸收，起到良好的养地肥田作用。

7. 其他作用

油菜可在不同的气候带实行春播和秋播，又能与稻棉玉米高粱等多种作物轮作复种，是提高复种指数，促进全年增产增收的优良作物。在油菜、花生、大豆、葵花及芝麻等油料作物中，油菜是唯一的冬季油料作物，不与其他油料作物争地，较易安排茬口。

油菜还有利于养蜂业的发展。油菜的花期长，花器官的数目多，每朵花有多个蜜腺，与芝麻、荞麦一起被称为中国三大蜜源作物，因此，种植油菜可以促进养蜂业的发展。

油菜在发展生态旅游业中具有重要地位。隆冬季节百草枯黄时，油菜地一片碧绿。春季到来万物复苏，油菜花开一片金黄，迷人景色可持续一个月左右。近年来，云南省罗平、江西省婺源等地已将油菜作为旅游区景观作物大力发展，每年吸引大量旅游和摄影爱好者。

三、油菜的生长发育特征

油菜属于种子植物，其器官包括根、茎、叶、花、角果、种子六大器官，其中，根、茎、叶是它的营养器官，花、角果、种子是它的生殖器官，各器官之间相互联系、相互制约。

（一）油菜的营养器官

1. 根

油菜属于直根系作物，由主根和侧根组成。主根由种子的胚根发育而来，垂直向下生长，上粗下细呈圆锥形，一般耕作条件下纵深可达 30～50 厘米。侧根包括支根和大量细根，多密集在耕作层 30 厘米土层深以内，水平扩展为 45 厘米左右。油菜的根系同其他作物一样，有着吸收、固定、输导和贮藏养分的作用，根系贮藏的养分和水分供植株地上部分生长的需要。

油菜根系的发育状况与土壤湿度、土壤类型、栽培技术密切相关。一般情况下，土壤湿度大，主根入土深，支、细根向左右方向扩展；在干旱条件下，油菜根系向较深的土层发展，适时灌溉，可促进根系发育良好。土壤肥沃的条件下，油菜根系的发育较土质瘠薄的土壤好，苗期适时增施磷肥，有利于油菜根系的发育。直播油菜主根入土深，植株抗旱、抗寒、抗倒能力较移栽油菜强；移栽油菜主根入土浅，但其支发达，对营养的吸收强于直播油菜。当种植密度增大时，植株单株营养面积减小，主根较短，根系分布较浅，导致单株有效分枝数和角果数减少。

2. 主茎和分枝

（1）主茎。油菜主茎由种子胚芽向上发展形成，主茎表面较光滑或着生稀疏刺毛。在盛花期，主茎木质化程度由下而上逐渐增高，使茎的坚韧性增强。主茎由下往上分为三种茎段：①缩茎段：位于主茎基部，与根相接，节短而密集，着重长柄叶，叶痕较窄，两端平伸或稍向上举；缩茎段一般不伸长，如留苗密度过大、苗龄过长、气温过高时，缩茎段则伸长形成高脚苗。②伸长茎段：位于主茎中部，节间依次伸长，着重短柄叶，叶痕较宽，两端各向下垂；下部茎节上的分枝对产量贡献较小。③薹茎段：位于主茎上部，与主轴果序相接，节间依次缩短，着重无柄叶，叶痕窄而短。

主茎的形态及伸长高度因品种和栽培技术的不同而不同，一般植株高大、熟期较晚的品种，主茎茎段节数多且分布明显。播种期推迟，主茎各茎段一般缩短，当种植密度增大时，缩茎段变化不明显，伸长茎段显著延长，薹茎段次之。

（2）分枝。油菜幼苗生长至一定时期，主茎叶腋间开始抽生腋芽，腋芽不断延伸，形成分枝。着生于主茎上的分枝称为第一次分枝，具有顶芽和腋芽。分枝上可再生分枝，即二次分枝、三次分枝等。主茎下部的腋芽在越冬前已经形成，但极少发育成为有效分枝，一级有效分枝多在伸长茎段上部和薹茎。根据一次分枝在主茎上的着生部位，将分枝类型分为下生分枝型、匀生分枝型和上生分枝型 3 种类型。甘蓝型品种分枝类型多属匀生分枝型。

油菜主茎和分枝在整个生长发育过程中起头重要作用。一是共同构成植株输导系统，向上输导由根部吸收的水分和矿物质，向下输导由叶部制造的养分。二是支撑叶、花、果，使其扩张分布。同时还有制造和贮藏养分的功能。油菜单株的有效角果数，第一次分枝占 69% ~ 74%，第二次分枝占 6% ~ 14%。油菜分枝的分化在苗期，分枝发育在薹期，正是有效花芽分化和胚珠大量分化形成的时期。可见，分枝的形成与角果数、粒数的形成有同利关系，分枝形成能力削弱，角果数、粒数则必然减少，产量下降。

3. 叶

叶是油菜的重要营养器官，分为子叶和真叶两部分。子叶由原种子中两片肥厚的子叶出土后形成，子叶以上的胚芽延伸形成茎，茎中各节着生的叶片为真叶。真叶又分为基生叶和薹茎叶两类。真叶为不完全叶，只具叶片和叶柄（或无柄），叶形复杂。不同类型品种和不同着生部位其叶形状各异，薹茎段上的叶有无叶柄是否包茎，是抽薹后区分油菜类型的重要标志。

油菜叶片从形状上可分为心脏形、肾脏形和叉形。甘蓝型油菜的叶片为肾脏形。从形态上可分为长柄叶、短柄叶、无柄叶。各类型叶片的功能时期和作用不同。长柄叶的主要功能期在越冬前后，至抽薹期全部失去功能，主要作物于根和根茎的生长，但长柄叶对茎、主花序、分枝、花、果和种子有间接影响，因此促进冬前多长叶片具有重要意义；短柄叶制造的养分主要供给茎、分枝和花序，也供给根和根茎，它下可促根，上可促花，短柄叶的后效主要对籽粒有较大的影响，油菜春发的实质是促进短柄叶的生长，但又不宜过旺，特别是年前生长过旺的田块，要促控结合，做到春发稳长；无柄叶在抽薹后期开始起作用，是始花的主要功能叶，作物于茎、枝、角、籽，它对根颈基本没有影响。光合作用的中心从长柄叶向短柄叶再向无柄叶转移，在油菜开花以后，摘老叶的措施，逐步把下部长柄叶的部分短柄叶去掉，不但对油菜正常生长没有影响，反而会起到降低田间湿度，减少病害的作用，有利于增长。

（二）油菜的生殖器官

1. 花

油菜的花为两性完全花，是油菜的生殖器官。每一朵花由花萼、花冠、雄蕊、雌蕊、蜜腺等组成，花萼 4 枚，蕾期呈绿色，开花后微转黄色，狭长形；花冠由 4 枚花瓣组成，盛开时平展呈十字状，色有黄、浅黄、乳白等颜色。每片花瓣下窄上宽，互相重叠或分离。雄蕊 6 枚，4 长 2 短，称为四强雄蕊。雌蕊 1 枚，位于花朵中央，由子房、花柱和柱头组成。柱头半球形，上有许多小穿越分泌黏液、生长素等生理活性物质；花柱圆柱形，与柱头一样呈淡黄色。花谢后花柱和柱头不脱落，膨大形成果喙。子房上位，2 心皮组成，由假隔膜隔为 2 室，胚珠着生于 2 侧膜胎座上。在雄蕊与子房之间有绿色球形蜜腺 4 个，分泌蜜汁，引诱昆虫采蜜传粉。

油菜为总状花序，由主茎或分枝顶端的分生细胞分化而成。着生于主茎顶端的为主花序，着生于分枝顶端的花序为分枝花序。也可按分枝次序称为一次花序、二次花序等。花序上着生花朵的中央茎秆称为花序轴。

2. 角果

油菜的角果由受精的雌蕊发育而来，由果柄、果身和果喙组成，花柄形成果柄，子房形成果身，果身包括两片壳状果瓣和假隔膜，种子着生于假隔膜两侧的胎座上，当油菜开花受精后，花柱成果喙，子房形成果身，花柄发育成果柄，角果果壳由 4 心皮组成。

在角果发育过程中，长度伸长快，增加慢，一般中熟甘蓝型品种，开花后 15 ~ 18 天角果已接近成熟时长度，而粗度 25 天左右才能长足，此时每角粒数也已稳定。角果发育的迟早与开花早晚一致，早期开花的角果，处在较低的温度下，角果生长发育较缓慢；后期开花结的角果，随温度的提高发育速度相应加快，所以角果成熟基本一致。油菜角果形态、长、宽因油菜的类型和品种不同而有很大差别。根据角果的形成和大小，将油菜角果划分为细长角果、粗短角果，粗长角果、细短角果 4 类。一般着果密度和着粒密度是短果 > 中果 > 长果，结籽率是中果 > 短果 > 长果，千粒重是长角 > 中角 > 短角，粒壳比是中果 > 短果 > 长果。

不同类型品种角果在果轴上着生的角度、状态亦不同。根据果柄与果轴的角度将油菜角果的着生状态亦划分为四类：果柄与果轴所成角度近 90°，为直生型，一般属于甘蓝型品种；果柄与果轴所成角度为 40° ~ 60°，为斜生型，一般是白菜型品种；果柄与果轴之间角度 20° ~ 30°，果身基本与果轴平行，为平生型，多属芥菜型品种；角果向下垂挂、果柄与果轴角度大于 90°为垂生型，多属甘蓝品种。

3. 种子

在花芽分化、萼片合拢后不久的一段时间内，雌蕊子房中进行胚珠分化。一般一朵单花子房中分化15～40个胚珠，由受精的胚珠发育成种子。种子干物质的来源有3个方面：一是角果皮光合作用的产物，占40%左右；二是植株内贮存的有机物质，占40%左右，三是茎秆和残留叶片光合作用的产物，占20%左右。其发育过程大体分为3个阶段。

（1）细胞增殖阶段。受精卵经多次分裂，7～10天出现明显的球体，籽粒内已有半透明的液态内容物。

（2）种胚发育阶段。开花后13天左右胚体变长，开始出现子叶和胚根的分化，胚体略呈心脏形。16天前后子叶分化明显，胚根已达到一定的长度。在这一段时间种子干重以较匀速度增加。

（3）种胚充实阶段。子叶和胚根发育明显时，子叶逐渐包围胚根，至25天前后，胚体已基本充满整个胚珠。此段灌浆速度比前段明显加快，种子逐渐趋于饱满，胚乳消失，30天左右种子干重达最大，基本不再增加，成熟前几天种子干重反而稍有下降。

油菜种子多为球形或近似球形，表皮具有网状结构，种皮上还留有珠柄脱落遗迹。种子色泽有各种黄色和褪色直到黑色。色泽深浅与成熟度有关，并程度不同地具有辛辣味，正常情况下平均一个角果有15～20粒种子。种子大小和含油量与品种类型有关，甘蓝型油菜种子较大，千粒重在2.5～3.5克，甚至在4.0以上，含油量平均40%左右，种子大小和色泽与含油量的关系是：大粒＞中粒＞小粒，黄色＞褐色＞黑色。

（三）油菜的生育阶段

油菜从播种到成熟，划分为5个阶段（也叫生育时期），即发芽出苗期、苗期、蕾薹期、开花期和角果成熟期。不同阶段的生育特性有明显差异。

1. 发芽出苗期

油菜从播种到出苗，这一阶段也叫发芽出苗期。油菜种子无明显休眠期，当外界条件适宜时就会发芽。油菜一般适宜温度 15～18℃，当日平均温度 20～25℃，播后 3～5 天出苗；最低 3～5℃就可以开始发芽，但发芽较为缓慢；最高温度达 57℃就停止发芽，并丧失其发芽能力。据调查，迟至 11 月份播种的，发芽持续时间可达 20 余天，长江中下游地带油菜最适宜播期是 9 月底至 10 月初。发芽时，先从脐部突出白色的幼根，随即胚轴伸长，胚茎向上延伸呈弯曲状；幼根上密生根毛，种壳脱落后幼茎伸出上面，变为直立，2 片子叶由黄色转为绿色，同时逐渐展开为水平状，即为出苗。

2. 苗期

油菜从出苗到现蕾这一阶段叫苗期，苗期约占全生育期的一半。甘蓝型冬油菜品种于 9 月下旬播种，5～7 天出苗，到次年 2 月中旬现蕾，苗期长达 130～140 天。根据苗期生长特点，苗期又可分为花芽分化以前的苗期和花芽分化以后的苗后期。苗前期主要生长叶片、根系等营养器官，以营养生长为主；苗后期生殖生长（花芽分化）开始，但仍以营养生长为主。

（1）苗期的根系生长。油菜苗期地下部分的生长，主要是形成和发展根系。稻茬油菜根系较浅，在越冬期间气温降至 3℃以下时，植株地上部生长缓慢，但根系仍能继续生长。这期间根系除向纵横伸长外，油菜子叶节下与根系相接"根颈"还逐渐膨大。"根颈"是冬季贮藏养分的场所，其粗细是安全越冬的重要指标。凡适时播种，营养状况好，间苗、定苗及时，育苗移栽质量好，根茎较粗，幼苗壮，越冬死亡率低。

（2）苗期的叶片生长。油菜的苗期以营养生长为主，地上营养体的增大，主要表面在叶片的生长。子叶平展后，每隔一定时间出生一片新叶，通过叶片的光合作用，建造油菜植株躯体。油菜新叶的生长，受温度的影响很大，平均每生长 1 片叶需 60℃的有效积温。油菜主茎叶片数目的多少和品种、播期，栽培水平都有密切关系，一般说来主茎一生的叶片数，甘蓝型中熟品种为 30 片左右，早熟品种为 35 片左右。主茎总叶数的多少，对产量起着关键作用，而冬前叶片数又决定着主茎叶片总数的多少。同时，冬前绿叶数对油菜的经济性状也影响很大，冬前叶片数多，产量相应就高。据研究，冬前单株绿叶数在 4 ~ 11 片范围内，平均增加 1 片叶，单株有效分枝增加 0.6 ~ 0.7 个，单株有效角增加 31.7 ~ 44.3 个，单株产量提高 1.62 ~ 1.99 克。说明促进冬前早发，多长叶片，对提高产量具有重要意义。

（3）花芽分化。油菜在苗后期开始花芽分化。增施有机肥、磷肥可促进花芽分化。从花芽开始分化至现蕾所分化的花芽为有效花芽，以后分化的花芽多为无效花芽。

（4）对环境条件的要求。油菜苗期生长的适宜温度是 10 ~ 20℃。在土壤水分等条件满足时，温度适宜则根系、叶片生长快，发育好，花芽分化多，为后期生长发育和产量形成打下良好基础。而冬油菜苗期处于越冬期，常遇低温冻害。油菜受冻害程度决定于品种的抗冻性、冬前发育状况及寒流的强弱。一般短期 0℃以下低温不致遭受冻害。光照对苗期养分的合成积累，叶片、根系的生长及花芽分化的早晚都具有重要影响。苗期营养体小，气温低，耗水量小，但缺水影响幼苗发育，且抗逆性降低。苗期适宜的土壤湿度一般不低于田间最大持水量的 70%。

其他栽培条件，尤其是土壤条件对根系发育程度影响很大。因此，苗期要保证耕翻整地质量，使土壤深厚，保持土壤湿润，增施有机肥料，早施苗肥，并使地温提高，对苗期发育都有良好的作用。

3. 蕾薹期

油菜从现蕾到初花期这一段叫蕾薹期。蕾薹期的生育特点是营养生长和生殖生长并进，而且都很旺盛，但营养生长共用占优势。营养生长的主要表现是主茎伸长，分枝形成，叶面积增大；生殖生长主要表现为花序及花芽的分化形成。

（1）蕾薹期叶片生长及花芽分化。蕾薹期地上部分除继续生长叶片和增加叶面积外，主茎也在不断延伸，各组叶片也次第出现，主茎叶片由长变短，由大变小，油菜花芽分化开始的迟早、分化速度的快慢，与品种和栽培条件有关。一般说来，甘蓝型油菜分化晚而慢，其中春性、早熟品种分化早，冬性、迟熟品种分化迟。土壤肥力状况、温度高低影响花芽分化的早晚和速度。土壤肥沃的田块，油菜菜苗壮，花芽分化早而快；土质贫瘠的田块，油菜菜苗瘦弱，花芽分化迟而慢。冬季温暖，花芽分化速度也相应加快，且分化多。在栽培上要根据不同的品种特性，适期播种，培育壮苗，使花芽早分化、快分化、多分化、多结角。争取现蕾以前分化的花蕾，对于提高油菜单株有效花芽率和结荚数具有重要作用。

（2）蕾薹期对环境条件的要求。中熟甘蓝型品种，一般2月中、下旬现蕾，3月下旬初花，蕾薹期1个月，春季当气温上升到5℃左右时现蕾，10℃以上时迅速抽薹。同时，蕾薹期油菜抗寒力减弱，遇0℃以下低温则易受冻。幼蕾最易受冻，其次是嫩薹部。蕾薹期需要充足的光照，通风透光好可促进有效分枝的形成和光合产物的积累。因此，适宜的密度是保证蕾薹期光照充足的重要条件。蕾薹期营养体生长快，叶面积扩大，蒸腾作用增强，必须保证水分需求，一般此阶段土壤水分以达到田间最大持水量的80%左右为宜。

4. 开花期

油菜从初花到终花这一阶段为开花期。中熟甘蓝型品种一般3月中下旬初花，到4月上中旬终花，25天左右。油菜开花期的生育特点是营养生长相对减弱，生殖生长逐渐占优势。主要表现为花序的提升和大量开花、授粉、受精，并形成角果。

（1）开花。油菜开花的顺序和花芽分化的顺序基本一致。就全株而言，是主花序先开，然后第一次分枝、第二次分枝花序依次开放；就同级分枝而言，是上部分枝先开花，下部分枝花序后开；在同一个花序上，无论主花序还是分枝，都是下部花先开，依次向上陆续开放。在一天中以 8:00～12:00 开花较多，以 9:00～11:00 开花最盛。开花后 3～5 天花冠凋萎脱落，遇连阴雨时，花瓣保持时间延长。

（2）授粉与受精。成熟的花粉由昆虫或风力传播，黏附在柱头上进行授粉。油菜的类型不同，授粉方式也不相同，甘蓝型油菜一般异交率在 10%～30%，属常异花授粉作物。花粉落在柱头上，45 分钟即可发芽，生出花粉管，花柱逐渐伸向子房，18～24 小时就完成了受精过程。开花后雌蕊受精能力一般可保持 5～7 天，但以开花后 1～3 天内的生活力最旺盛。

（3）开花期对环境条件的要求。油菜开花、授粉、受精状况主要与温度、湿度有关。油菜开花的适温范围一般在 12～18℃ 最为适宜，相对湿度以 70%～80% 较为适宜。油菜进入开花以后，营养生长逐渐减弱，生殖生长则逐渐开始加强。这时植株已达到最大高度，分枝基本完成中，叶片由下而上逐渐开始枯黄脱落，体内的糖分大部分集中于长花和长角。因此，这段时间是充实高产架子的重要时期，也是需水需肥的高峰期。尤其此期对磷、硼等最为敏感，供给充足的养分是夺取丰产的重要措施，并要注意防止植株疯长及病害发生蔓延。

5. 角果发育成熟期

从终花到成熟为角果发育成熟期。中熟甘蓝型油菜品种 4 月中、下旬成熟，历时 30 天左右。在这一时期内要经历角果的发育、种子的形成和体内营养物质向角果种子运输和积累。

（1）角果和种子发育。油菜角果发育是先纵向伸长，再横向膨大，一般开花后 20 多天定型，发育顺序是先开的花先发育。角果发育的同时，受精胚珠也发育成种子，受精不良或营养不足的胚珠萎缩成秕粒，随后油菜种子中油脂及其他干物质开始大量积累。

（2）角果发育对环境条件的要求。油菜角果发育对温度要求严格，角果最适宜的温度为 15～20℃。温度过高，造成高温逼熟，灌浆时间短，千粒重低；温度过低，也不利于光合产物的合成与运转；昼夜温差大，有利于干物质和油分积累。充足的光照用利于后期光合作用和干物质、油分的积累。油菜角果发育要求土壤湿度不能太低，土壤含水量以不低于田间最大持水量的60%为宜。虽然此期植株代谢逐渐衰退，蒸腾作用减弱，但此时角果仍在旺盛地进行光合作用，茎叶、果皮的光合产物大量向种子运转，缺水导致秕粒增加，含油量降低。但水分过多，又易造成贪青晚熟，渍水更会导致根系早衰。

此外，氮肥过多或倒伏会导致晚熟或病害发生，也会形成较多的阴角和秕粒。因此，在角果成熟期的田间管理上，既要防止植株脱肥早衰，又要防止施氮过多和人畜践踏，才能有效地提高产量和品质。

（四）油菜的阶段发育特性

油菜生长发育的过程中具有的感温特性和感光特性称为油菜的阶段发育特性。

1. 感温性

油菜需要通过一个较低的温度条件才能现蕾、开花、结实的特性，称为感温性。因通过春化阶段所需的温度和时间不同，油菜可以分为春性、冬性和半冬性三大类。

（1）冬性油菜。成熟期较迟，一般为晚熟品种，甘蓝型油菜中大部分晚熟品种属于此类。其春化阶段要求 0～5℃ 的低温，春化时间在 30～40 天，若没有低温条件的影响，植株个体的生长发育不能进入生殖阶段，当年不能抽薹开花。

（2）半冬性油菜。一般为早中熟及少数中晚熟品种，春化过程中温度适应范围广，所需温度 15～20℃，经历 20～30 天，大部分植株个体均可由营养生长进入生殖生长。

（3）春性油菜。一般为极早熟、早熟及部分早中熟品种。春化过程中要求较高的 15～20℃ 的高温，春化时间较短，在 15～20 天。

2. 感光性

油菜春化阶段的发育，除受温度条件的影响外，还主要与日照长度有关。油菜一生中必须满足一定时间的光照要求才能进入开花结实阶段的特性，称为感光性。根据所需日照时间，将油菜分为 3 类：强感光型，所需日照时长 16 小时左右；中感光型，所需日照时长 14 小时左右；弱感光型，所需日照时长 12 小时左右。

在油菜栽培方面，春性强的油菜品种发育快，早间苗，移栽后早施、勤施苗肥，加强管理，以延长营养生长期；冬性强的品种苗期生长发育慢，应促进冬发，使其在冬前长到一定大小营养体，并且加强春后田间管理，使其不脱肥、不旺长，促进产量的形成。在油菜育种方面，通过杂交和选择等手段，把适宜于一定地区自然气候条件的基因选择，以培育适应当地的油菜品种。

模块二 油菜生产计划与耕播技术

一、油菜优势产业布局与最优区域种植模式

（一）油菜优势产业布局

我国油菜产区分布较广，油菜生长季节气候差异很大，不同油菜品种对温光要求十分严格。根据各地气候特点、品种特性、耕作制度、栽培技术和经济发展需要，本着"大稳定、小调整"的原则，适当扩大优势区域范围，在长江流域上、中、下游原有三个优势区的基础上，增加北方油菜优势区（图 2 – 1）。

我国油菜优势区域布局示意图

图例
省界
长江上游油菜优势区
长江中游油菜优势区
长江下游油菜优势区
北方油菜优势区

南海诸岛

图 2 – 1　我国油菜优势区域布局示意图

1. 长江上游优势区

（1）区域特点。长江上游优势区包括四川省、贵州省、云南

省、重庆市、陕西省 5 省（市）。该区气候温和湿润，云雾和阴雨天多，冬季无严寒，温、光、水、热条件优越，利于秋播油菜生长，耕作制度以两熟制为主。常年油菜播种面积 2 700 万亩（15 亩＝1 公顷。全书同）、单产 120 千克、总产 326 万吨，面积和总产分别占同期全国的 25.2% 和 25.9%。不利因素主要是阴雨寡照，山区丘陵比重大，农田排灌设施差，冬水田利用效率低，"双低"品种普及率较低，油菜籽含油量偏低，生产成本较高。

（2）主要目标。2015 年，播种面积 3 840 万亩，单产 136 千克，总产 522 万吨，大面积生产"双低"率达到 85% 以上。

（3）主攻方向。重点开展高产、高含油量、耐湿、抗病"双低"油菜新品种的选育及耕作制度改良研究，做好根肿病的防治工作，大力推广高产高抗新品种和少免耕栽培技术。

2. 长江中游优势区

（1）区域特点。长江中游优势区包括湖北省、湖南省、江西省和安徽省等 4 省及河南省信阳地区。属亚热带季风气候，光照充足，热量丰富，雨水充沛，适宜油菜生长。农田水利设施条件较好，油菜生产比较稳定，常年播种面积 5 140 万亩、单产 110 千克、总产 566 万吨，面积和总产分别占全国的 47.8% 和 45%。湖北省、安徽省、河南省信阳以两熟制为主，湖南省和江西省以三熟制为主。不利因素主要是油菜与早稻、棉花等作物存在季节矛盾，缺乏适合三熟制生产的特早熟高产"双低"品种，季节性秋旱、春涝和菌核病容易发生。

（2）主要目标。2015 年，播种面积 7 150 万亩，单产 133 千克，总产 951 万吨，大面积生产"双低"率达到 95%。

（3）主攻方向。选育和推广早熟、多抗、高含油量的"双低"优质品种，研究和推广直播、少免耕高效栽培和机械化生产等技术，缓解季节矛盾，逐步淘汰白菜型油菜。

3. 长江下游优势区

（1）区域特点。长江下游优势区包括江苏、浙江两省，耕作制度以两熟制为主。亚热带气候，受海洋气候影响较大，雨水充沛，日照丰富，光、温、水资源非常适合油菜生长。常年播种面积1 370万亩、单产148.5千克、总产203万吨，面积和总产分别占全国的12.7%和16.2%。该区地处长江三角洲，交通便利，油脂加工企业规模大。不利因素主要是地下水位较高，易造成渍害；劳动力成本高，农民种植积极性较低。

（2）主要目标。2015年，播种面积1 800万亩，单产165.8千克，总产298万吨，大面积生产"双低"率达到90%以上。

（3）主攻方向。重点解决机械化程度低、生产成本高的问题，选育高含油量、抗病、中早熟、耐裂角和耐渍优质油菜新品种，突破油菜机械化播种和收获等关键技术，大幅度降低生产成本，恢复并进一步扩大生产面积和规模。

4. 北方油菜优势区

（1）区域特点。北方油菜优势区主要包括青海省、内蒙古自治区、甘肃省3省（区），油菜生产为一年一熟制春油菜，常年播种面积935万亩，单产97.3千克、总产91万吨，面积和总产分别占全国的8.7%和7.2%。该区日照强，昼夜温差大，对油菜种子发育有利，菜籽含油量高，机械化生产程度较高，单位面积产值有一定优势。虽然该区域油菜生产较分散，但部分传统油菜生产大县生产优势较强。不利因素主要是干旱严重，对农田水利灌溉条件的要求高，缺乏极短生育期的高产甘蓝型油菜品种，小菜蛾和金象甲虫害为害严重。

（2）主要目标。2015年，播种面积达到1 070万亩，单产131.5千克，总产140万吨，大面积生产"双低"率达到75%。

（3）主攻方向。在不影响粮食生产的前提下适当扩大油菜生产规模，选育和推广抗旱、抗冻的优质甘蓝型特早熟春油菜新品种，提高单位面积产量和含油量，推广机械化生产技术和高效虫害防治技术，大幅度提高油菜生产效益。

（二）油菜最优区域种植模式

油菜是用地与养地兼有的作物，由于地形、地势、土壤、气候条件的复杂，形成了多种油菜栽培类型和各种栽培制度。从生长季节看，可分为冬油菜和春油菜。按作物与作物的茬口关系，分为轮作、间作和套作等栽培形式。油菜种植模式主要有薯/油菜 – 玉米、油菜/马铃薯和油菜/蔬菜。

1. "稻 – 油/秋马铃薯" 高效种植模式

在"稻 – 油"两熟栽培形式基础上，增加一季马铃薯，实现既增粮又增收。通过套作方式实现秋冬作物的优化配置，满足马铃薯足量生长，薯、油共生期短，马铃薯植株矮，油菜前期生长量小，故油菜产量不受影响，新模式年纯收益比传统"稻 – 油"两熟提高一倍以上。

这种栽培形式要充分利用水稻收获后油菜播种前的空闲时间，抗田晒垡，施足底肥，适时追肥，注意抗旱、排渍，保证壮苗。要实现薯、油双高产，必须保证各自密度适宜以及尽量降低共生期内相互间的抑制。

（1）品种选择。油菜选用近年审定的高产优质双低油菜品种，马铃薯一般选用菜用性、生育期较短、商品性好的优良品种。

（2）薯种处理。马铃薯秋播时气温高、湿度大，为确保种薯不感病，可用 1 500 倍高锰酸钾溶液对种薯进行消毒处理，摊开晾干。对播种前 10 ~ 15 天未见醒芽的马铃薯种，需作催芽处理，常用 0.0001% ~ 0.0002% 浓度的赤霉素喷雾 1 ~ 2 次，再用湿润稻草等物覆盖，不见光，排除积水，1 ~ 10 天即可萌芽，也可用稻草、河沙等保湿催芽。

（3）苗床选择。选择土质肥沃，保水保肥力好的沙壤土或壤土，前茬不宜是十字花科作物，苗床要精细，畦面平整，表层土细碎。

（4）适时播种。水稻收获后，尽早开沟开厢播种。马铃薯在8月下旬或9月上旬播种。油菜采用育苗移栽的方式，9月上中旬育苗，10月上中旬移栽。

（5）合理密植。2.6米开厢，厢面2.4米，厢沟宽0.2米。厢面上种6行（3个双行）马铃薯，6行油菜（靠沟各1行，中间2个双行）。马铃薯实行宽窄行栽培，窄行行距20厘米，宽行行距60厘米，边行距厢面边缘30厘米，马铃薯窝距20厘米，双行错窝栽培，马铃薯亩植7 692窝。油菜移栽密度根据品种特性，肥水条件等特点可适当稀植，通常为窝距23.3厘米，苗植6 602株。

（6）合理施肥。秋马铃薯不宜过重施肥，一般以腐熟有机肥为主。亩用厩肥2 000～2 500千克，配合复合肥40～50千克，混合均匀施入窝内，再按亩用猪粪水1 000～1 500千克对水施用，对水多少视土壤干渴情况而定，土湿少对，土干多对。

在移栽的前一天下午，先用清粪水适度浸泡苗床地，起苗时不伤根，同时使苗体有足够的水分贮藏。选择根系发育良好、生长健壮、大小均匀的苗移栽。移栽时做到"全、拉、深、直、紧"，即全叶下田，大小苗分开匀栽，根部全部入土中，苗根直，压紧土，移栽后立即浇粪水作定根水。油菜移栽后5～7天追施尿素5～7.5千克，过磷酸钙40～50千克，氯化钾10千克。移栽后第28～30天继续在窄行撒施尿素，亩（1亩≈667平方米。全书同）用量5～7.5千克，促进早发壮苗及花芽分化。

（7）稻草覆盖。施肥后，用湿稻草顺盖于厢面，厚度以5～7厘米为宜，盖草太薄，达不到效果，太厚既增加稻草用量，又影响出苗，稻草上严禁再盖土。

（8）科学田管。马铃薯出苗后及时除草，并视情况用清粪水对尿素1.5千克/亩追施。晚疫病对秋马铃薯的产量影响很大，必须加强观察，及时防治。一旦在田间发现中心病株，应及时拔除，或摘下病叶销毁，并立即用吸性杀菌剂瑞毒霉等药剂进行防治1～2次。

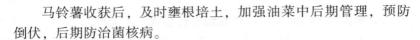

马铃薯收获后，及时壅根培土，加强油菜中后期管理，预防倒伏，后期防治菌核病。

2. "稻－油/蔬"高效种植模式

收水稻时稻草平铺田面后，随即将香菜、菠菜、大白菜、半头红萝卜等生育期短的蔬菜种子和肥料播篱在稻草面上，用捞草耙振动稻草，让种子、肥料掉到稻草下面。10月中下旬移栽油菜，1月后蔬菜可收获上市，5月中旬收获油菜。

（1）品种选择。套种蔬菜实行早、中熟和根、茎用蔬菜两类搭配，如莴苣、大头菜、白菜、萝卜、花椰菜等，先种蔬菜，后套油菜，做到"冬至前油让菜，冬至后菜让油"。油菜选择适宜当地种植的高产优质高抗油菜新品种，以分枝性强的品种为主。

（2）适期早播早栽，合理密植。2.2米开厢，厢面2.0米，厢沟宽0.2米。莴苣等秋菜在9月20日左右栽植，萝卜等在9月10日左右播种。莴苣、大头菜等小叶型蔬菜每厢种4行，窝距0.33米；白菜、花椰菜等大叶型蔬菜，每厢种2行，窝距0.4～0.5米。10月中旬，在蔬菜行间套栽油菜，油菜适当提早育苗，保证壮苗移栽，增加密度，预留行栽6行油菜，宽窄行，窄行行距30厘米，宽行行距50厘米，窝距30厘米，亩植6 600株左右。

（3）合理施肥。秋菜播种后配合耕地施足腐熟有机肥，亩施复合肥80～100千克，10月中旬油菜移栽时要把底肥施足，由于蔬菜需肥较多，同时可对蔬菜进行一次肥水补给，在施足底肥的基础上可追施氮肥等速效肥，亩施纯氮5～10千克，并增加施肥次数。

（4）科学田管。与油菜同属于十字花科的蔬菜，有一些共患病害，如根肿病、霜霉病等。蔬菜采收后，把油菜厢面上的蔬菜腐叶、枯叶捡拾干净，尽量减少共患病害的发生，并对油菜进行一次追肥，追肥的量与净种油菜时的追肥量相当，及时壅根培土，预防倒伏，提高油菜产量。同时，要注意油菜后期菌核病的防治。

3. 旱地"薯/油－玉"新三熟农作模式

旱地高效"薯/油－玉"新三熟农作模式能充分利用光、热、水以及劳动力资源，有效缓解人多地少、粮油争地、农产品需求多元化的问题，实现农业增效，农民增收。同时，种植养地作物油菜，还可提高土壤肥力，实现种养结合，具有良好的生态效益。

（1）规范开厢。秋季马铃薯播种时，规范开厢，中宽厢带植，实行"双二五""双三零""双三五"中带种植或"双五零""双六零"种植，分为甲、乙两带种植。

（2）马铃薯种植。马铃薯选用高产早熟多抗品种。8月中下旬于甲带内种植两行或3行马铃薯，窝距0.17米，种植密度4 000株/亩。马铃薯亩施尿素15千克，过磷酸钙30千克，氯化钾5千克。

（3）油菜种植。油菜选用优质双低紧凑型品种。9月底至10月初直播两行油菜于乙带内，窝距0.15米，密度4 500株/亩。油菜亩施尿素12千克，过磷酸钙35千克，氯化钾10千克，硼砂1千克；在蕾薹期和初花期，每亩用硼肥200克、磷酸二氢钾150克对水喷施叶面肥。

（4）玉米种植。玉米选用夏播抗逆玉米新品种。在油菜收获后抢种玉米，密度4 200株/亩左右，注意控制苗期高温高湿引起幼苗旺长，提高植株抗倒伏能力。玉米每亩施尿素20千克，过磷酸钙40千克，氯化钾8千克。

二、油菜品种选择与种子处理

（一）油菜优良品种选择

良种是油菜获得高产的基础，在"高产、优质、抗病"的基础上，选择一些抗自然灾害能力强、适宜机械化种植的油菜品种

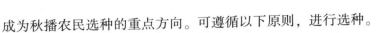

成为秋播农民选种的重点方向。可遵循以下原则，进行选种。

1. 选择主推品种

农业部每年都会发布油菜主导品种，可进行选择。选择主推品种是秋播选种的前提条件。如2014年、2015年分别公布12个主导品种。另外各省农业厅也会重点推介一些品种，如江苏省2015年重点推介秦优10号、秦优7号、秦优11号、宁杂11号等8个杂交油菜品种和史力佳、宁油16号、苏油4号、宁油14号、宁油18号、扬油6号等10个常规油菜品种。并积极示范推广近两年在高产创建中表现突出的宁杂19号、宁杂21号等高产新品种。对于机械化作业的油菜品种要求株高适宜，株型紧凑，角果不宜过长，抗倒性好，最关键是要抗裂角。宁油18号、宁杂11号、宁杂15号、宁杂19号、宁杂21号是经生产证明较适合机械化作业的品种。

2. 选择种植面积大的品种

农民在选择油菜品种时，可以选择历年来在生产上种植面积较大的品种，这些都是经过了生产上和时间上考验表现较好的品种。如秦油、宁油、扬油、油研、苏油、浙油、华油、镇油和沪油等系列品种也有较大种植面积，主体品种优势非常突出。

3. 选择高产创建测产高的品种

各油菜主产省高产创建已经实施3年，对促进油菜生产作用很大，因此可选择在高产创建中表现优异的新品种。

4. 选择抗自然灾害能力强的品种

针对近年来油菜生产上极端天气频繁出现的情况，选择一个耐旱性和耐寒性都较好的品种种植显得尤为重要。

（二）2014—2015年农业部主导品种

根据《农业主导品种和主推技术推介发布办法》，2014—2015年遴选了15个油菜主导品种，农民朋友可优先选种。

1. 中双 11 号

由中国农业科学院油料所王汉中研究员为首的育种团队经过 8 年多的努力而育成。2008 年，通过了国家农作物品种审定，成为我国通过品种审定的含油量最高的油菜新品种。

该品种为半冬性，甘蓝型常规油菜品种，全生育期平均 233.5 天，与对照秦优 7 号熟期相当。子叶肾脏形，苗期为半直立，叶片形状为缺刻型，叶柄较长，叶肉较厚，叶色深绿，叶缘无锯齿，有蜡粉，无刺毛，裂叶三对。花瓣较大，黄色，侧叠。匀生型分枝类型，平均株高 153.4 厘米，一次有效分枝平均 8.0 个。抗裂荚性较好，平均单株有效角果数 357.60 个，每角粒数 20.20 粒，千粒重 4.66 克。种子黑色，圆形。区试田间调查，平均菌核病发病率 12.88%、病指为 6.96，病毒病发病率 9.19%、病指为 4.99。抗病鉴定结果为低抗菌核病。抗倒性较强。经农业部油料及制品质量监督检验中心测试，平均芥酸含量 0.0%，饼粕硫甙含量 18.84 微摩尔/克，含油量 49.04%。

适宜在江苏省淮河以南、安徽省淮河以南、浙江省、上海市冬油菜主产区推广种植。

2. 浙油 50

由浙江省农业科学院作物与核技术利用研究所选育。2009 年，通过浙江省审定。

该品种全生育期 227.4 天，属中熟，甘蓝型，半冬性油菜。株高 157.2 厘米，有效分枝位 39.8 厘米，一次有效分枝数 10.4 个，二次有效分枝数 8.5 个，主花序有效长度 55.7 厘米，单株有效角果数 481.8 个，每角粒数 21.9 粒，千粒重 4.3 克。经农业部油料及制品质量监督检验测试中心品质检测，含油量 49.0%，芥酸含量 0.05%，硫苷含量 26.0 微摩尔/克。经浙江省农业科学院植物保护与微生物研究所抗性鉴定，菌核病和病毒病抗性与对照相仿。

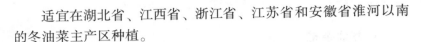

适宜在湖北省、江西省、浙江省、江苏省和安徽省淮河以南的冬油菜主产区种植。

3. 宁杂19号

由江苏省农业科学院经济作物研究所选育，2010年通过国家农作物品种审定。

该品种幼苗半直立，叶片宽大，叶色浅绿，叶缘锯齿状。花瓣较大、黄色、呈侧叠状，全生育期平均235天，平均株高163.1厘米，匀生分枝类型，一次有效分枝数8.5个，单株有效角果数422个，每角粒数23粒，千粒重3.82克。菌核病发病率14.15%，病指6.39；病毒病发病率2.88%，病指1.12。抗病鉴定综合评价为低抗菌核病。抗倒性较强。经农业部油料及制品质量监督检验测试中心检测，平均芥酸含量0.05%，饼粕硫苷含量21.97微摩尔/克，含油量45.09%。

适宜在江苏省和安徽省淮河以南，浙江省和上海市冬油菜区主产区种植。

4. 宁杂1818

由江苏省农业科学院经济作物研究所选育，2013年通过国家农作物品种审定。

该品种为甘蓝型，半冬性，化学诱导雄性不育两系杂交品种。全生育期229天，比对照秦优10号晚熟2天。子叶肾形，叶片淡绿色，蜡粉少，叶缘波状，裂片3~4对，裂刻较深；花瓣黄色、重叠；籽粒黑褐色。株高178.7厘米，中生分枝类型，一次有效分枝数6.48个，单株有效角果数257.6个，每角粒数22.1粒，千粒重4.09克。菌核病发病率18.82%，病指7.43，病毒病发病率0.81%，病指0.45，低感菌核病；抗倒性较强。籽粒含油量45.54%，芥酸含量0.50%，饼粕硫苷含量23.44微摩尔/克。

适宜在上海市、浙江省、江苏省和安徽省淮河以南的冬油菜区种植。

5. 华油杂 62

由华中农业大学培育的油菜新品种，2009 年湖北省农作物品种审定委员会审定，2010 年通过国家农作物品种审定。

该品种为甘蓝型，半冬性，细胞质雄性不育三系杂交种。苗期长势中等，半直立，叶片缺刻较深，叶色浓绿，叶缘浅锯齿，无缺刻，蜡粉较厚，叶片无刺毛。花瓣大、黄色、侧叠。区试结果：全生育期平均 219 天，与对照中油杂 2 号相当。平均株高 177 厘米，一次有效分枝数 8 个，单株有效角果数 299.5 个；每角粒数 21.2 粒；千粒重 3.77 克。菌核病发病率 10.93%，病指 7.07；病毒病发病率 1.25%，病指 0.87。抗病鉴定综合评价为低感菌核病。抗倒性较强。经农业部油料及制品质量监督检验测试中心检测，平均芥酸含量 0.75%，饼粕硫苷含量 29.00 微摩尔/克，含油量 40.58%。

适宜在上海市、浙江省、安徽省和江苏省淮河以南、湖北省、湖南省、江西省冬油菜主产区种植及内蒙古自治区、新疆维吾尔自治区及甘肃省、青海省低海拔地区的春油菜主产区种植。

6. 华油杂 13 号

由华中农业大学培育的油菜新品种，2007 年通过国家农作物品种审定。

甘蓝型，半冬性，温敏型波里马质不育两系杂交种。全生育期 217 天左右，冬前、春后均长势强。幼苗直立，子叶肾脏形，苗期叶为圆叶型，有蜡粉，叶深绿色，顶叶大小中等，有裂叶 2~3 对。茎绿色，黄花，花瓣相互重叠。种子黑褐色，近圆形。平均株高 188.6 厘米，株型扇形较紧凑，中上部分枝类型，一次有效分枝数 8.75 个，单株有效角果数 363.62 个，每角粒数 22.15 粒，千粒重 3.45 克。区域试验田间调查，平均菌核病发病率 5.02%、病指 2.9，病毒病发病率 1.84%、病指 0.57。抗病鉴定综合评价低抗菌核病，中抗病毒病。抗倒性较强。经农业部油料及制品质量监督检验测试中心检测，平均芥酸含量0.35%，硫苷含量21.93微摩尔/克，含油量42.15%。

适宜在江苏省淮河以南、安徽省淮河以南、浙江省、上海市、云南省、贵州省、四川省、重庆市、陕西省汉中地区、湖南省、湖北省、江西省的冬油菜主产区种植。

7. 阳光2009

由中国农业科学院油料作物研究所选育，2011年通过国家农作物品种审定。

甘蓝型，半冬性，常规种。苗期半直立，顶裂叶中等，叶色较绿，蜡粉少，叶片长度中等，侧叠叶3~4对，裂叶深，叶脉明显，叶缘有小齿，波状。花瓣黄色，花瓣长度中等，较宽，呈侧叠状。种子黑色。全生育期217天，与对照中油杂2号相当。株高178.0厘米，一次有效分枝数8个，匀生分枝类型，单株有效角果数275个，每角粒数19粒，千粒重3.79克。菌核病发病率10.03%，病指6.71；病毒病发病率1.00%，病指0.60。抗病鉴定综合评价为低抗菌核病。抗倒性强。经农业部油料及制品质量监督检验测试中心检测，平均芥酸含量0.25%，饼粕硫苷含量18.39微摩尔/克，含油量43.98%。

适宜在湖南省、湖北省和江西省的冬油菜主产区推广种植。

8. 中农油6号

由中国农业科学院油料作物研究所选育，2008年通过国家农作物品种审定。

该品种属半冬性，甘蓝型油菜品种，是细胞质雄性不育系杂种，株高适中，株高165厘米左右，分枝部位40厘米左右，一次分枝数8~12个，为上生分枝类型，结角密度较好，平均1个/厘米左右；苗期半直立、顶裂叶较大、叶色较绿，无蜡粉，叶片长度中等，侧叠叶4对以上，裂叶深，叶脉明显，叶片边缘有小齿，波状，花期 25 天左右，花瓣黄色，花瓣长度中等，较宽，呈侧叠状。植株较紧凑，区域试验单株有效角果数 430 个左右，每角果粒数 22 粒左右，千粒重 3.7 克，种子黑色。区试田间调查，菌核病发病株率 16.14%、病指 8.39，病毒病发病株率 7.80%、病指 3.63。抗病鉴定结果为低感菌核病。抗倒性中上等。经农业部油料及制品质量监督检验测试中心检测，平均芥酸含量 0.0%，饼粕硫甙含量 17.66 微摩尔/克，含油量 44.68%。

适宜在长江中游的湖北省、湖南省、江西省；长江下游的安徽省和江苏省淮河以南、上海市、浙江省种植。

9. 沣油 737

由湖南省农业科学院作物所选育的高产、稳产、中早熟、抗性强、适应性广等多种优良特性兼备的甘蓝型油菜细胞质雄性不育三系杂交种。2009 年通过国家长江下游区品种审定。

该品种为甘蓝型，半冬性，细胞质雄性不育三系杂交种。植株偏矮，枝多角密，抗倒性强，耐寒、耐病性好。幼苗半直立，子叶肾形，叶色浓绿，叶柄短。花瓣深黄色。种子黑褐色，圆形。区试结果：全生育期 231.8 天，比对照秦优 7 号早熟 3 天。平均株高 152.6 厘米，中生分枝类型，单株有效角果数 483.6 个，每角粒数 22.2 粒，千粒重 3.59 克。菌核病发病率 16.69%，病指 8.55；病毒病发病率 5.93%，病指 3.79。抗病鉴定综合评价中感菌核病。抗倒性较强。经农业部油料及制品质量监督检验测试中心检测，平均芥酸含量 0.05%，饼粕硫苷含量 20.3 微摩尔/克，含油量 44.86%。

适宜在上海市、浙江省、安徽省和江苏省淮河以南，湖南省、湖北省、江西省的冬油菜主产区种植。

10. 川油 36

由四川省农业科学院作物研究所选育的油菜花品种，2009 年通过国家农作物品种审定。

甘蓝型，半冬性，细胞质雄性不育三系杂交种。幼苗半直立，茎秆绿色，深裂叶，裂叶 1~2 对，叶色浓绿，顶裂叶较大而圆，叶缘锯齿较明显，茎叶无刺毛、有蜡粉。花瓣大、黄色。区试结果：全生育期平均 233 天，比对照秦优 7 号早熟 1 天。平均株高 155.7 厘米。匀生分枝类型，一次有效分枝数 8.41 个，单株有效角果数 543.5 个，每角粒数 20.48 粒，千粒重 3.96 克。菌核病发病率 14.01%，病指 6.28；病毒病发病率 4.57%，病指 1.97。抗病鉴定综合评价低感菌核病。抗倒性较强。经农业部油料及制品质量监督检验测试中心测试，平均芥酸含量 0.15%，饼粕硫苷含量 26.81 微摩尔/克，含油量 44.89%。

适宜在四川省、云南省、贵州省、重庆市、陕西省汉中和安康、湖北省、湖南省、江西省、上海市、浙江省、安徽省和江苏省淮河以南的冬油菜主产区推广种植。

11. 蓉油 18

由成都市农林科学院作物研究所选育，2007 年通过四川省品种审定委员会审定，2008 年通过国家农作物品种审定。

该品种为甘蓝型半冬性细胞质雄性不育三系杂交种，全生育期平均 230.0 天，比对照秦优 7 号早熟 2 天。子叶肾形，裂叶、顶裂中等，叶片绿色，叶柄较长，叶缘锯齿状，心叶绿色，幼苗半直立，有蜡粉，无刺毛。花瓣大、黄色、平展、侧叠。匀生分枝，株形扇形。角果枇杷黄，近直生，较大、长，果皮较薄，籽粒节较明显，种子圆形，种皮黑褐色光滑。平均株高 165.01 厘米，一次有效分枝数 9.5 个。平均单株有效角果数 474.51 个，每角粒数 22.95 粒，千粒重 3.62 克。田间调查菌核病发病率 17.04%、病指 9.88，病毒病发病率 9.74%、病指 4.45。抗病鉴定结果为低感菌核病。抗倒性较强。经农业部油料及制品质量监督检验测试中心测试，平均芥酸含量 0.05%，饼粕硫苷含量 18.37 微摩尔/克，含油量 46.85%。

适宜在四川省、重庆市、贵州省、云南省、陕西省汉中及安康的冬油菜主产区种植。

12. 青杂7号

由青海省农林科学院春油菜研究所选育，2011 年通过国家农作物品种审定。

该品种甘蓝型、春性、细胞质雄性不育三系杂交种。幼苗半直立，缩茎叶为浅裂、绿色，叶脉白色，叶柄长，叶缘锯齿状，腊粉少，薹茎叶绿色、披针形、半抱茎，叶片无刺毛。花黄色。种子深褐色。全生育期 132.3 天。株高 136.5 厘米，一次有效分枝数 4.1 个，单株有效角果数为 139.1 个，每角粒数为 28.3 粒，千粒重为 3.81 克。菌核病发病率 13.07%、病指为 3.13，经农业部油料及制品质量监督检验测试中心检测，平均芥酸含量 0.4%、饼粕硫苷含量 19.25 微摩尔/克，含油量 48.18%。

适宜在青海省、甘肃省、内蒙古自治区、新疆维吾尔自治区等省区高海拔、高纬度春油菜主产区（青杂 3 号种植区域）种植。

13. 德新油 59

由重庆市三峡农业科学院选育，2010 年重庆市农作物品种审定委员会审定，2010 年通过国家农作物品种审定。

该品种为甘蓝型、半冬性、细胞核雄性不育两系杂交种。幼苗半直立，叶色绿，非全缘叶，叶片卵圆形。花瓣较大、黄花、侧叠。种子黑褐色。区试结果：全生育期平均 219 天，比对照中油杂 2 号晚熟 1 天。平均株高 176.8 厘米，匀生分枝类型。一次有效分枝数 7.7 个，单株有效角果数 301 个，每角粒数 19.9 粒，千粒重 3.82 克。菌核病发病率 5.60%，病指 3.1；病毒病发病率 0.68%，病指 0.46。抗病性鉴定综合评价为低抗菌核病。抗倒性较强。经农业部油料及制品质量监督检验测试中心检测，平均芥酸含量 0.45%，饼粕硫苷含量 23.97 微摩尔/克，含油量 42.61%。

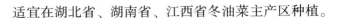

适宜在湖北省、湖南省、江西省冬油菜主产区种植。

14. 秦油 11

由陕西省咸阳市农科所选育的集高产、稳产、多抗、优质于一身的三系杂交油菜优良新品种，2008 年、2009 年先后通过陕西省、国家长江下游区和长江中游区品种审定。

甘蓝型，半冬性，细胞质雄性不育三系杂交种。幼苗半直立，子叶肾脏形，苗期叶圆形，有蜡粉，叶绿色，顶叶大，有裂叶 1～2 对，茎绿色。花瓣黄色，侧叠。种子黑色，圆形。区试结果：全生育期 220 天，比对照中油杂 2 号晚熟 2 天。平均株高 176.2 厘米，中生分枝类型，一次有效分枝数 8.5 个，单株有效角果数 323.4 个，每角粒数 19.5 粒，千粒重 3.69 克。菌核病发病率 4.85%，病指 3.03；病毒病发病率 1.39%，病指 1.04。抗病鉴定综合评价低抗菌核病。抗倒性强。经农业部油料及制品质量监督检验测试中心检测，平均芥酸含量 0.15%，饼粕硫苷含量 27.88 微摩尔/克，含油量 41.47%。

适宜在湖北省、湖南省及江西省冬油菜主产区种植。也适宜上海市、浙江省及安徽省和江苏省淮河以南冬油菜主产区种植。

15. 宁杂 21 号

由江苏省农业科学院经济作物研究所选育，2010 年通过国家农作物品种审定。

该品种甘蓝型，半冬性，细胞质雄性不育三系杂交种。幼苗半直立，叶片宽大，叶色浅绿，叶缘锯齿状。花瓣较大，黄色，侧叠。区试结果：全生育期平均 235 天，比对照秦优 7 号晚熟 1 天。平均株高 158.1 厘米，匀生分枝类型，一次有效分枝数 8.3 个，单株有效角果数 441.2 个，每角粒数 22.8 粒，千粒重 3.67 克。菌核病发病率 26.14%、病指 10.44，病毒病发病率 6.20%、病指 2.09。抗病鉴定综合评价为低抗菌核病。抗倒性较强。经农业部油料及制品质量监督检验测试中心检测，平均芥酸含量

0.00%，饼粕硫苷含量 20.17 微摩尔/克，含油量 45.22%。

适宜在上海市、浙江省、江苏省和安徽省淮河以南的冬油菜区种植。

（三）油菜种子处理技术

1. 油菜种子质量标准

根据国家标准 GB 4407.2—2008 的规定，油菜种子分原种和良种两个等级，其质量标准如表 2 - 1 所示。

表 2 - 1　油菜种子质量要求

作物名称	种子类别	品种纯度不低于（%）	净度不低于（%）	发芽率不低于（%）	水分不高于（%）
油菜常规种	原种	99.0	98.0	85	9.0
	良种	95.0			
油菜亲本	原种	99.0	98.0	80	9.0
	良种	98.0			
油菜杂交种	大田用种	85.0	98.0	80	9.0

2. 油菜种子质量识别

油菜种子籽粒小，识别是比较困难的，在购买时可从以下几方面来识别。

（1）包装标识。真种子包装规范，标识明显。其标签上应标明种子作物品种、品种审定编号、经营许可证编号、生产许可证编号、产地检疫编号、产地、生产日期、包装日期、质量指标和品种介绍及栽培技术要点。如标签内容不齐全，种子质量就应给予怀疑。有些可能就是假冒伪劣种子，绝对不能购买。

（2）粒型粒色。一般情况下，杂交油菜种子由于制种时授粉受精不一致，常导致粒型大小不均，粒色深浅不一；常规种子籽粒相对较大整齐，色泽一致。如果杂交种子过分整齐一致，常规种子饱满程度不好，则种子质量也应给予怀疑。

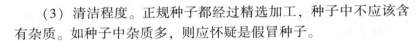

（3）清洁程度。正规种子都经过精选加工，种子中不应该含有杂质。如种子中杂质多，则应怀疑是假冒种子。

3. 油菜种子的鉴别

（1）水分鉴别。油菜种子的水分应在 9% 以下，在购买时，可以用手抓籽粒一般握不住，有光滑感，用嘴咬有破碎声，种皮与胚易分开。

（2）净度鉴别。首先从外观看，有没有石子、土块等杂质，如果杂质多，则净度低，反之则高。其次是将手插进种子堆内，待手抽出后看有没有灰尘和杂质。如果没有，一般种子净度高于 97%。

（3）发芽率鉴别。准备好直径 9 厘米的培养皿或小盘，将吸水纸剪成相应的小圆片，然后用冷开水浸泡湿润后放置于培养皿或小盘内，在常温下（25℃）4 天内即可观察种子的发芽情况。一般常规良种发芽率不得低于 90%。

4. 油菜种子处理技术

为确保油菜稳增产，播前种子处理是非常重要的。油菜选种以后，种子经科学方法处理后播种育苗，可使苗整齐、健壮，又能减少病虫害发生危害，提高产量和品质。

（1）晒种。温汤浸种后，选择晴好天气，将种子薄薄地摊晒在晒场上，连续晒 2 ~ 3 天。晒种时要经常翻动种子，让种子受热均匀，温度不宜过高，要细心，防止破壳。晒种可消灭部分附在种子表面的病菌，增加种子中酶的活性，促进养分的运输，提高种子出苗速度，并能降低种子中的水分含量，提高种子的发芽势与发芽率。

（2）种子带肥。每 500 克油菜种子用少量米汤拌匀，用碾细的过磷酸钙 50 克、尿素 100 克、粉状干肥土 50 克拌匀，用手搓按，使每粒种子都粘上一层肥土，随拌随种。

（3）磷酸二氢钾浸种。将 500 克油菜种子，加 50 克磷酸二

氢钾和2.5千克水，浸36~48小时。晾干后拌少量草木灰播种，出苗快齐壮。

（4）水尿浸种。用500克油菜种子浸入2.5千克腐熟人尿稀释液中，48小时后捞出滤干，拌入细干肥土播种出苗整齐粗壮。

（5）硼肥浸种。用硼砂（硼酸）2克，加50%~60%热水溶解，对成5千克水溶液；将0.5千克种子放入，浸6小时后捞出，拌细泥土播种。

（6）高锰酸钾浸种。用5%高锰酸钾对成5千克水溶液，把500克油菜种子浸入其中，经48小时后捞出拌细泥播种。经此处理，出苗整齐，苗期病虫害减少。

三、油菜高效肥料运筹与养分管理技术

（一）油菜生产常用肥料性质与施用技术

1. 碳酸氢铵

（1）基本性质。又称重碳酸铵，简称碳铵。含氮16.5%~17.5%。白色或微灰色，呈粒状、板状或柱状结晶。易溶于水，化学碱性，容易吸湿结块、挥发，有强烈的刺激性臭味。

（2）施用技术。碳酸氢铵适于作基肥，也可作追肥，但要深施。旱地作基肥每亩用碳酸氢铵30~50千克，基肥可结合耕翻进行，将碳酸氢铵随撒随翻，耙细盖严。旱地作追肥每亩用碳酸氢铵20~40千克，可在株旁7~9厘米处，开7~10厘米深的沟，随后撒肥覆土。

（3）注意事项。碳酸氢铵是生理中性肥料，适用于各种土壤。碳酸氢铵养分含量低，化学性质不稳定，温度稍高易分解挥发损失。产生的氨气对种子和叶片有腐蚀作用，故不宜作种肥和叶面施肥。

2. 尿素

（1）基本性质。含氮45%～46%。尿素为白色或浅黄色结晶体，无味无臭，稍有清凉感；易溶于水，水溶液呈中性反应。尿素吸湿性强。由于尿素在造粒中加入石蜡等疏水物质，因此肥料级尿素吸湿性明显下降。尿素是生理中性肥料，在土壤中不残留任何有害物质，长期施用没有不良影响。

（2）施用技术。合理施用尿素的基本原则是：适量、适时和深施覆土。尿素适于作基肥和追肥，也可作种肥。尿素作基肥可以在翻耕前撒施，也可以和有机肥掺混均匀后进行条施或沟施。基肥一般每亩为15～20千克与磷酸二铵共同施用。作追肥每亩用尿素10～15千克。可采用沟施或穴施，施肥深度7～10厘米，施后覆土。尿素作追肥应提前4～8天。尿素最适宜作根外追肥，喷施浓度为1.5%～2.0%。

（3）注意事项。尿素是生理中性肥料，适用于各种土壤。尿素在造粒中温度过高就会产生缩二脲，甚至三聚氰酸等产物，对作物有抑制作用。缩二脲含量超过1%时不能作种肥、苗肥和叶面肥。尿素易随水流失，水田施尿素时应注意不要灌水太多，并应结合耕地使之与土壤混合，减少尿素流失。

3. 过磷酸钙

过磷酸钙，又称普通过磷酸钙、过磷酸石灰，简称普钙。其产量约占全国磷肥总产量的70%，是磷肥工业的主要基石。

（1）基本性质。过磷酸钙主要成分为磷酸一钙和硫酸钙的复合物，其中磷酸一钙约占其重量的50%，硫酸钙约占40%，此外5%左右的游离酸，2%～4%的硫酸铁、硫酸铝。其有效磷（P_2O_5）含量为14%～20%。

过磷酸钙为深灰色、灰白色或淡黄色等粉状物，或制成粒径为2～4毫米的颗粒。其水溶液呈酸性反应，具有腐蚀性，易吸湿结块。在贮运过程中要注意防潮。

（2）施用技术。过磷酸钙可以作基肥、种肥和追肥，具体施用方法如下。①集中施用。过磷酸钙不管作基肥、种肥和追肥，均应集中施用和深施。集中施用旱地以条施、穴施、沟施的效果为好，水稻采用蘸秧根和蘸秧根的方法。②分层施用。在集中施用和深施原则下，可采用分层施用，即2/3磷肥作基肥深施，其余1/3在种植时作面肥或种肥施于表层土壤中。

（3）注意事项。过磷酸钙适宜大多数土壤。过磷酸钙不宜与碱性肥料混用。

4. 氯化钾

（1）基本性质。含钾（K_2O）50%~60%。一般呈白色或粉红色或淡黄色结晶，易溶于水，物理性状良好，不易吸湿结块，水溶液呈化学中性，属于生理酸性肥料。

（2）施用技术。宜作基肥深施，作追肥要早施，不宜作种肥。作基肥，通常要在播种前10~15天，结合耕地施入；作早期追肥，一般要求在油菜苗长大后再追。

（3）注意事项。适于大多数土壤；盐碱地不宜施用。

5. 硫酸钾

（1）基本性质。含钾（K_2O）48%~52%。一般呈白色或淡黄色结晶，易溶于水，物理性状好，不易吸湿结块，是化学中性、生理酸性肥料。

（2）施用技术。可作基肥、追肥、种肥和根外追肥。旱田作基肥，应深施覆土，减少钾的固定；作追肥时，应集中条施或穴施到农作物根系较密集的土层；砂性土壤一般易追肥；作种肥时，一般每亩用量1.5~2.5千克。叶面施用时，配成2%~3%的溶液喷施。

（3）注意事项。适宜各种土壤，对忌氯作物和喜硫作物（油菜、大蒜等）有较好效果；酸性土壤、水田上应与有机肥、石灰配合施用，不易在通气不良土壤上施用。

6. 磷酸二铵

（1）基本性质。磷酸二铵的分子式为（NH$_4$）$_2$HPO$_4$，含氮18%、五氧化二磷46%。纯品白色，一般商品外观为灰白色或淡黄色颗粒或粉末，易溶于水，水溶液中性至偏碱，不易吸潮、结块，相对于磷酸一铵，性质不是十分稳定，在湿热条件下，氨易挥发。

目前，用作肥料磷酸铵产品，实际是磷酸一铵、磷酸二铵的混合物，含氮12%~18%、五氧化二磷47%~53%。产品多为颗粒状，性质稳定，并加有防湿剂以防吸湿分解。易溶于水，水溶液中性。

（2）施用技术。可用作基肥、种肥，也可以叶面喷施。作基肥一般每亩用量15~25千克，通常在整地前结合耕地将肥料施入土壤；也可在播种后开沟施入。作种肥时，通常将种子和肥料分别播入土壤，每亩用量2.5~5千克。

（3）注意事项。基本适合所有作物。磷酸铵不能和碱性肥料混合施用。当季如果施用足够的磷酸铵，后期一般不需再施磷肥，应以补充氮肥为主。施用磷酸铵的作物应补充施用氮、钾肥，同时应优先用在需磷较多的作物和缺磷土壤。磷酸铵用作种肥时要避免与种子直接接触。

7. 硫酸锌

（1）基本性质。一般为七水硫酸锌，分子式为ZnSO$_4$·7H$_2$O。白色或淡橘红色无色斜方晶体，易溶于水。含锌20%~22%，是目前常用的锌肥品种。

（2）施用技术。可作基肥、追肥和种肥。作基肥时每亩可施用1~2千克，可与生理酸性肥料混合施用。轻度缺锌地块隔1~2年再行施用，中度缺锌地块隔年或于翌年减量施用。作追肥主要是根外追肥，玉米的喷施浓度为0.1%~0.3%，可在玉米苗期、拔节期各喷施1次，严重缺锌的土壤需在大喇叭口期再喷施

1 次。也可用硫酸锌 1~1.5 千克或 150 克禾丰颗粒锌，拌细干土 10~15 千克，苗期至拔节期条施或穴施。作种肥主要是拌种。每千克种子用硫酸锌 4~6 克，先将硫酸锌溶于水中，一般肥液占种子重量的 7%~10%，均匀喷洒在种子上，待阴干后播种。

（3）注意事项。作基肥每亩施用量不超过 2 千克；喷施浓度不易过高，要均匀喷施在叶片上；锌肥不要和碱性肥料、碱性农药混合。

8. 硼砂、硼酸

（1）基本性质。硼酸，化学分子式 H_3BO_3。外观白色结晶，含硼（B）17.5%，冷水中溶解度较低，热水中较易溶解，水溶液呈微酸性。硼酸为速溶性硼肥。硼砂，化学分子式 $Na_2B_4O_7 \cdot 10H_2O$。外观为白色或无色结晶，含硼（B）11.3%，冷水中溶解度较低，热水中较易溶解。

（2）施用技术。作基肥，可与氮肥、磷肥配合施用，也可单独施用。一般每亩施用 0.5~1.5 千克硼酸或硼砂，一定要施的均匀，防止浓度过高而中毒。作追肥，可在作物苗期每亩用 0.5 千克硼酸或硼砂拌干细土 10~15 千克，在离苗 7~10 厘米开沟或挖穴施入。作根外追肥，每亩可用 0.1%~0.2% 硼砂或硼酸溶液 50~75 千克，在作物苗期和由营养生长转入生殖生长时各喷 1 次。大面积也可以采用飞机喷洒，用 4% 硼砂水溶液喷雾。

（3）注意事项。硼肥当季利用率为 2%~20%，具有后效，施用后可持续 3~5 年不施。轮作中，硼肥尽量用于需硼较多的作物，需硼较少的作物利用后效。条施或撒施不均匀、喷洒浓度过大都有可能产生毒害，应慎重对待。

（二）油菜生产常见缺素症及补救

1. 缺氮

（1）症状。缺氮时，植株生长瘦弱，叶片少而小，呈黄绿色至黄色，茎下部叶片有的边缘发红，并逐渐扩大到叶脉；有效分枝数、角果数都大为减少，千粒重也相应减轻，产量显著降低。

（2）补救措施。苗期缺氮，每亩用 15～25 千克碳铵开沟追施，或者用 750～1 000 千克人粪尿对水浇施；后期缺氮，用 1%～2%尿素溶液叶面喷施。

2. 缺磷

（1）症状。缺磷时，植株矮小，生长缓慢，出叶延迟，叶面积小，叶色暗绿，缺乏光泽，边缘出现紫红色斑点或斑块，叶柄和叶背面的叶脉变为紫红色；根系发育差，角果数和千粒重显著减少，出油率降低。

（2）补救措施。苗期缺磷，每亩用 25～30 千克过磷酸钙开沟追施或对水浇施，越早效果越好；后期用 1%过磷酸钙浸出液叶面喷施。

3. 缺钾

（1）症状。缺钾时，植株趋向萎蔫，幼苗呈匍匐状，叶脉间部分向上凸，使叶片弯曲呈弓状；叶色变深，通常呈深蓝绿色，叶缘或脉间失绿，最初往往呈针头大小的斑点，最后发生斑块坏死，严重缺钾时叶片完全枯死，但不脱落。

（2）补救措施。前期缺钾，每亩用 7～10 千克氯化钾或 75～100 千克草木灰开沟追施；后期用 0.1%～0.2%磷酸二氢钾溶液叶面喷施。

4. 缺硼

（1）症状。缺硼时，油菜表现的症状是"花而不实"即进入花期后因花粉败育而不能受精结实，导致不断抽发次生分枝，缕缕不断开花，使花期大大延长；氮肥充足时，次生分枝更多，常形成特殊的帚状株形；叶片多数出现紫红色斑块即所谓"紫血瘀"，结荚零星稀少，有的甚至绝荚，成荚的所含籽粒数少，畸形。

（2）补救措施。缺硼严重的土壤，整地时亩施 0.5～1 千克硼砂作基肥；采用育苗移栽的油菜，在移栽前亩施 15～25 千克硼镁肥，效果良好。在油菜苗期、抽薹前、初花期或发现植株缺硼时，用 0.1%～0.2% 硼砂溶液叶面喷施。

5. 缺锌

（1）症状。油菜缺锌时，先从叶缘开始，叶色褪淡，变为灰白色，随后向中间发展，叶肉呈黄色斑块。病叶叶缘不皱缩，中下部白化较重的叶片向外翻卷，叶尖披垂。

（2）补救措施。苗期每亩用 0.5～0.75 千克硫酸锌开沟追施；植株出现缺锌症状时，用 0.2% 硫酸锌溶液叶面喷施。

6. 缺锰

（1）症状。油菜缺锰时，植株矮小，出现失绿症状，幼叶黄白，叶脉绿色，茎生长衰弱，黄绿色，多木质，开花及结果数减少。

（2）补救措施。发现缺锰，及时用 0.1%～0.2% 硫酸锰溶液叶面喷施。

7. 缺钼

（1）症状。缺钼症油菜缺钼时，叶片凋萎或焦枯，通常呈螺旋状扭曲，老叶变厚，植株丛生。

（2）补救措施。发现缺钼，及时用 0.01%～0.1% 钼酸铵溶液叶面喷施。

（三）长江流域油菜养分管理技术

1. 长江流域土壤养分丰缺指标

长江流域土壤养分丰缺指标参考表 2－2。

表 2－2　长江流域土壤养分丰缺指标

（单位：毫克/千克）

土壤等级	极低	低	中	高	极高
碱解氮	<70	70～90	90～120	120～150	>150
有效磷	<6	6～12	12～25	25～30	>30
有效钾	<26	26～60	60～135	135～180	>180

2. 长江流域油菜施肥量推荐

（1）氮肥用量的确定。我国长江流域油菜多种植在水旱轮作的水稻土上，常根据土壤碱解氮测试值估算土壤供氮能力，并进行肥力分级。氮肥用量推荐参考表 2－3。

表 2－3　长江流域油菜氮肥用量推荐

目标产量 （千克/亩）	肥力等级				
	极低	低	中	高	极高
100	7.5	6	5	4	3
150	11.5	9	7.5	6	4.5
200	15.5	12.5	10.5	8	6
250	21	17	14	11	8.5

（2）磷肥用量的确定。我国长江流域油菜常根据土壤有效磷（olsen－P）测试值估算土壤供磷能力，并进行肥力分级。磷肥用量推荐参考表 2－4。

表 2－4　长江流域油菜磷肥用量推荐

目标产量 （千克/亩）	肥力等级				
	极低	低	中	高	极高
100	3	2.5	2	1.5	1
150	5	4	3	2.5	2
200	6.5	5	4.5	3.5	2.5
250	9	7	6	5	3.5

（3）钾肥用量的确定。我国长江流域油菜常根据土壤有效钾测试值估算土壤供钾能力，并进行肥力分级。钾肥用量推荐参考表2-5。

表2-5　长江流域油菜钾肥用量推荐

目标产量 （千克/亩）	肥力等级				
	极低	低	中	高	极高
100	—	7	4	2.5	1.5
150	—	10	6	4	2
200	—	13.5	8	5.5	3
250	—	19	11	7.5	4

（4）硼肥用量的确定。为保证油菜的正常生长，当有效硼含量低于临界值0.6毫克/千克时，每亩基施硼砂0.5~1.0千克。

3. 长江流域油菜施肥技术

长江流域油菜主产区，氮肥的50%~60%、钾肥的60%和全部磷肥作基肥在油菜移栽前施用，余下的氮肥和钾肥分2次分别在移栽后50天和100天左右平均施用。由于油菜对硼敏感，当硼肥作基肥施用时每亩施用硼砂0.5~1.0千克。

（1）苗床施肥。做好苗床施肥，首先要施足基肥，具体做法是：每亩苗床在播种前施用腐熟的优质有机肥200~300千克，尿素2千克，过磷酸钙5千克，氯化钾1千克，将肥料与土壤（10~15厘米厚）混匀后播种。结合间苗和定苗，追肥1~2次，追肥在人畜粪尿为主，并注意肥水结合，以保证壮苗移栽。在移栽前可喷施硼肥1次，浓度为0.2%。

（2）移栽田施肥。从油菜移栽到收获，每亩移栽田所需投入不同养分总量分别为：纯氮（N）9~10千克，纯磷（P_2O_5）4~6千克，纯钾（K_2O）6~10千克，硼砂0.5~1.0千克（基施），七水硫酸锌（锌肥）2~3千克。①基肥。在油菜移栽前0.5~1天穴施基肥，施肥深度为10~15厘米。基施氮肥占氮肥总用量的 2/3 左右，即每亩基施碳酸氢铵为 35 ~ 47 千克，或尿素为 13 ~ 17 千克。磷肥全部基施，每亩基施过磷酸钙为 33 ~ 50 千克。用作基肥的钾肥占钾肥总用量的 2/3 左右，每亩基施氯化钾为 6.7 ~ 11.0 千克。若不准备叶面喷施硼肥，每亩可基施硼砂 0.5 ~ 1.0 千克。②追肥。油菜追肥一般可分为 2 次。第一次追肥在移栽后 50 天左右进行，即油菜苗进入越冬期前，此次追肥施用剩余氮肥的 1/2，追施氮肥种类宜用尿素，每亩施尿素为 3.2 ~ 4.3 千克。另外，追施剩余的氯化钾为 3.3 ~ 5.5 千克。施肥方法为结合中耕进行土施，若不进行中耕，可在行间开 10 厘米深的小沟，将两种肥料混匀后施入，施肥后覆土。第二次追肥在开春后薹期，撒施余下的尿素 3.2 ~ 4.3 千克。③叶面追肥。若在基肥时没有施用硼肥，则一定要进行叶面施硼。叶面喷施硼肥一般为硼砂的方法是：分 3 次分别在苗期、薹期和初花期结合施药喷施硼，浓度为 0.2%，每亩用溶液量 50 千克。

（四）北方油菜养分管理技术

1. 北方油菜施肥量推荐

北方油菜根据土壤养分测定值和目标产量，氮、磷、钾肥推荐用量如表 2 - 6、表 2 - 7 和表 2 - 8 所示。

表 2 - 6 根据油菜籽目标产量和土壤供氮能力的氮肥（N）推荐用量

油菜籽目标产量（千克/亩）	N 推荐用量（千克/亩）		
	高肥力田块	中肥力田块	低肥力田块
< 50	< 2.5	< 4.5	< 5.5
50 ~ 100	2.5 ~ 4.5	4.5 ~ 8.0	5.5 ~ 9.0
100 ~ 150	4.5 ~ 6.0	7.0 ~ 10.0	9.0 ~ 12.0
150 ~ 200	6.0 ~ 8.0	10.0 ~ 13.0	12.0 ~ 16.0
200 ~ 250	8.0 ~ 11.0	13.5 ~ 18.0	15.0 ~ 21.0

表 2 - 7　根据油菜籽目标产量和土壤供磷能力的磷肥（P$_2$O$_5$）推荐用量

油菜籽目标产量 （千克/亩）	P$_2$O$_5$ 推荐用量（千克/亩）			
	土壤 P < 5 毫克/千克	5 ~ 10 毫克/千克	10 ~ 20 毫克/千克	> 20 毫克/千克
< 50	2.5	2.0	1.5	0
50 ~ 100	2.5 ~ 5.0	2.0 ~ 4.0	1.5 ~ 2.5	0
100 ~ 150	5.0 ~ 8.5	4.5 ~ 7.0	2.5 ~ 4.5	2.0 ~ 3.0
150 ~ 200	8.5 ~ 11.5	7.0 ~ 8.5	4.5 ~ 6.0	3.0 ~ 4.0
200 ~ 250	11.5 ~ 13.5	8.5 ~ 10.0	6.0 ~ 7.5	4.0 ~ 5.0

表 2 - 8　根据油菜籽目标产量和土壤供钾能力的钾肥（K$_2$O）推荐用量

油菜籽目标产量 （千克/亩）	K$_2$O 推荐用量（千克/亩）			
	土壤 K < 50 毫克/千克	50 ~ 100 毫克/千克	100 ~ 130 毫克/千克	> 130 毫克/千克
< 50	7.0	6.0	2.0	0
50 ~ 100	7.0 ~ 12.5	6.0 ~ 10.0	2.0 ~ 4.0	0
100 ~ 150	12.5 ~ 19.5	10.0 ~ 16.0	4.0 ~ 5.5	2.0 ~ 3.0
150 ~ 200	29.5 ~ 24.0	16.0 ~ 20.0	5.5 ~ 6.5	3.0 ~ 4.0
200 ~ 250	24.0 ~ 28.0	20.0 ~ 24.0	6.5 ~ 8.0	4.0 ~ 5.0

2. 北方油菜施肥技术

根据优质油菜不同生育时期的需肥特点，氮肥按底施 50%，苗肥 30%，薹肥 20% 比例施用，磷、钾、硼肥一次作底肥施用。

（1）施足底肥。一般每亩施有机肥 2 000 千克，碳酸氢铵 20 ~ 25 千克，过磷酸钙 25 千克，氯化钾 10 ~ 15 千克。应采取分层施肥，耕地前将有机肥撒施地面，随深耕翻入，浅耕时将氮、磷、钾化肥施入 10 ~ 15 厘米的浅土层，供油菜苗期利用。

（2）早施提苗肥。移栽油菜在栽后 7 ~ 10 天活苗后，即追施速效氮肥。一般每亩施尿素 5 ~ 10 千克或人粪尿 1 000 千克。

（3）壅施腊肥。一般在寒潮前结合中耕松土增施农家肥或人粪尿具有较好的防冻保苗效果。

（4）稳施苗肥。要根据底肥、苗肥的施用情况和长势酌情稳施薹肥。底、苗肥充足，植株生长健壮，可不施薹肥；若底肥和苗肥不足，有脱肥趋势的应早施薹肥。一般每亩施尿素 5～8 千克。

（5）必施硼肥。根据优质油菜尤其是杂交优质油菜对硼素敏感，需硼量大的特点，硼肥最好底施，加蕾薹期叶面喷洒。

底施：一般每亩硼肥施用量 0.5～1 千克。可与其他氮磷化肥混匀，施入苗床或直播油菜田。一般施于土壤上层为宜。底施量可根据土壤有效硼含量的多少而定。一般土壤有效硼在 0.5 毫克/千克以上的适硼区，可底施 0.5 千克硼砂；含硼在 0.2～0.5 毫克/千克的缺硼区可底施 0.75 千克硼砂；含硼 0.2 毫克/千克以下的严重缺硼区，硼肥施用量应在 1 千克左右。

叶面喷洒：用 0.05～0.1 千克的硼砂或 0.05～0.07 千克的硼酸，加入少量水溶化后，再加入 50～60 千克水，即为每亩田块喷洒用量。应注意在晴天的下午喷洒。

四、油菜田整地质量控制与播种技术

（一）油菜田整地质量控制技术

我国气候条件复杂，土壤种类繁多，种植制度多样，因此油菜播前耕作技术种类较多，各地因地制宜选择适宜的耕作整地技术。整地的目的在于改善和调节土壤水、肥、气、热等因素状况，为根系生长创造良好的环境条件。不同类型、不同用途的田块，其耕整的要求有所不同。

1. 旱地直播耕翻

前茬作物收获后，要根据土壤墒情及时以传统铧式犁耕翻晒垡，可掩埋有机肥料、粉碎的作物秸秆、杂草和病虫有机体等，耙细耙平，使土壤疏松细碎。如果整地时天旱墒情差，最好先灌水后整地；如果墒情适宜及时翻耕整地播种。连续多年种麦前只旋耕不耕翻的麦田，在旋耕的 15 厘米以下形成坚实的犁底层，应旋耕 3 ~ 4 年，耕翻 1 年，破除犁底层。

2. 稻田油菜干耕干整

水稻田由于长期处于淹水状态，土壤板结，透水透气性差，土壤温度低，微生物活动弱，整地难度较大。在水稻收割前 7 ~ 10 天排水晒田，收割后抢晴天翻耕晒垡，干耕干整，碎土开浅沟穴移栽，以利土壤疏松通气爽水，油菜栽后早发根，快活棵。稻田整地时，要开好厢沟、腰沟、边沟。厢宽 4 米左右，（可根据田块大小衡量）。横竖沟宽 30 厘米、深 25 ~ 30 厘米，边沟可略宽深。确保排水通畅，以避免油菜根系遭受渍害，减轻病害的发生。

3. 油菜育苗床地准备

苗床与大田的比例为 1 : 5 较为合理。苗床地选用花生、芝麻或大豆地比较理想。苗床地整地要求是：翻地不必过深，土壤必须细碎，厢面必须平整。如果用稻田作苗床，应在稻穗结实撒籽前，开沟排水，落土晒田，降低土壤湿度。

苗床规格应根据地势、土质、排灌条件，以及便于管理等具体情况决定。地势较低或土质黏重的苗床，必须做成高床（厢），厢面宽 100 ~ 150 厘米，厢沟宽 25 厘米，沟深 15 ~ 25 厘米，便于排水。另外要施足底肥，底肥每亩要求施入腐熟的农家肥 2 500 千克、硼砂 0.5 千克、过磷酸钙 20 ~ 30 千克，肥力不足的地块可加施尿素 1.5 千克作为面肥。

4. 油菜免耕直播

免耕直播油菜是指晚稻收获后土壤不翻耕，封杀老杂草和简单平整后，直接播种油菜种子的一种油菜栽培方式，具有省工节本，产量与移栽油菜基本持平的特点。免耕直播油菜比移栽油菜更适合机收作业。播种后，及时用开沟机开沟覆土，沟宽 20 厘

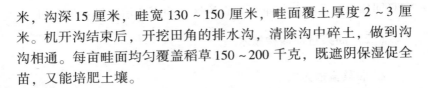

米，沟深 15 厘米，畦宽 130～150 厘米，畦面覆土厚度 2～3 厘米。机开沟结束后，开挖田角的排水沟，清除沟中碎土，做到沟沟相通。每亩畦面均匀覆盖稻草 150～200 千克，既遮阴保湿促全苗，又能培肥土壤。

（二）油菜适时播种

油菜对播种期的反应非常敏感，播期的迟早将影响油菜发育状况、生育期长短，苗龄长短和移栽期迟早等，从而影响产量。油菜播期的确定，一般应考虑气候条件、种植制度、品种特性、病虫害情况等多种因素。

1. 移栽油菜播种期

油菜播种时间弹性较大，但适宜播种时间范围较窄。在长江中、上游地区"秋发栽培"（单株越冬绿叶 12～13 片）宜于 9 月上旬播种；"冬发栽培"（单株越冬绿叶 10～11 片）宜于 9 月中旬播种；"冬壮栽培"（单株越冬绿叶 8～9 片）宜于 9 月中旬后期播种。长江下游地区，采用育苗移栽种植的油菜，早熟品种以 9 月下旬至 10 月上旬为宜，晚熟品种以 9 月中旬为宜。

2. 直播油菜播种期

一般在旬平均气温 20℃ 左右或冬有 0℃ 以上有效积温达到 9 000℃ 以上为油菜直播适期。北方冬油菜的适宜播期在 8 月中下旬至 9 月中下旬，其中，北京及华北平原北部 9 月上旬，新疆维吾尔自治区中北部为 8 月底至 9 月上旬，陕西省北部、宁夏回族自治区、甘肃省北部、陇东及河西走廊、晋中地区 8 月中旬，冀中、冀南、河南省中北部为 9 月中下旬。长江流域地区直播冬油菜，一般播种期应比移栽油菜推迟 10 天左右。我国春油菜主要集中在青海省、西藏自治区、内蒙古自治区、甘肃省、宁夏回族自治区、新疆维吾尔自治区、黑龙江省等地区，黑龙江省一般在 4 月下旬至 5 月上旬，内蒙古在 5 月上中旬，青海省、甘肃省、宁夏回族自治区、新疆维吾尔自治区、西藏自治区等 4 月中旬。

（三）油菜直播播种技术

1. 油菜直播方式

油菜直播按其播种方式，有条播、穴播和撒播 3 种。

（1）条播。条播又可分为翻耕开沟条播和免耕开沟条播。翻耕开沟条播适用于所有翻耕的田土，但若用于土块较细的土壤更能体现其优越性。免耕开沟条播适用于未经翻耕但土质疏松的田土。其具体做法是与厢面平等或垂直开播种沟，播种沟深 3 厘米左右，沟行距 30 ~ 40 厘米，按播种沟均匀条播，再浇灌粪水，然后用干土杂肥覆盖种子或覆盖 1 厘米左右厚的土层。出苗后按株距留苗。此法栽培菜苗分布较均匀，田间管理方便，一般亩播种量 200 ~ 250 克。播种机播种一般采用条播方式。

（2）穴播（点播）。适用于水稻收后湿的板田、土质黏重的田块、荒坡、滩涂、坡台土地、高岗土等不适宜翻耕的地块。点播又分翻耕挖窝点播、免耕探窝点播和免耕点播。翻耕探窝适用于所有翻耕的土，尤其适用于土块不易整细的红黄壤。免耕挖窝点播是在除净杂草后的板地，直接窝行距挖窝点播。一般窝行距 35 厘米 ×25 厘米，窝深 3 厘米左右，挖好窝后按窝点播，再浇灌清粪水，然后用土杂肥覆盖种子，可起到保湿透气、肥料供应集中的作用，一般亩播种量 200 克。穴播时也可将粪土或漏水与种子混匀后一起点播。也可以不挖窝，按窝行距将拌好种子的粪土直接点播。点播一般出苗均匀，长势稳健。

（3）撒播。前作收获后，进行机械浅耕或免耕，灌一次跑马水，直接将种子撒播其上，保持适当的田间湿度，油菜也能很好的发芽生长。油菜撒播快速简便，目前已成为油菜产区一种主要播种方式。撒播可采用人工方式或喷粉器喷播。撒播快速简便，但油菜密度较大，且生长参差不齐。与人工撒播比较，机动喷雾器播种可以节省时间，而且精量省种，出苗均匀。

2. 直播栽培播种方法（以稻田免耕直播为例）

免耕法是在前茬作物收获后，土壤不经过耕作整地，板田直接播种或移栽油菜。免耕法能在适期范围内提早播栽时间，可充分利用自然条件，克服前后作季节矛盾。

（1）品种选择。免耕直播油菜表现生育期伸缩性很大，但成熟期相对稳定。同时，直播油菜个体较小，主要领先群体夺取高产。因此，在进行品种选择时，应选择种子发芽势、株高适中、株型紧凑、直立、抗病性较好的优质品种。稻稻油三熟制栽培应选用早熟或中熟偏早的品种，如丰油 730 等。

（2）大田准备。①选田。油菜根系的发育与土壤地下水位有密切关系，土壤湿度大，地下水位高，易造成缺氧，影响植株正常的生理代谢。稻田免耕直播必须选择地势较高、地下水位较低的稻田。冷浸田一般不宜栽培油菜。②前作田间管理。中稻、早熟晚稻茬，抢晴收割后立即开好"三沟"，在土壤墒情较好或遇雨天立即播种油菜，并追施底肥；墒情不好或遇干旱时灌"跑马水"，保持厢面有一薄层水时施底肥，施肥后 2 天左右，厢面无水时立即播种油菜。迟熟晚稻茬，在水稻勾头散籽时按 2～4 米宽开排水沟，并开好腰沟、围沟，便于排水。要求水稻收获时田不陷脚，土壤墒情适宜，结构良好。水稻收割后趁田间湿润及时播种，防止收割后田间过干影响出苗。晚熟茬口还可以在晚稻收获前 7 天左右实行谷林套播。水稻收割时禾兜尽时留低，最好是齐泥割稻。③开沟整厢。晚稻收获后开厢，厢宽 1.5～2 米，沟宽和沟深各 20 厘米，腰沟深 30～35 厘米，将沟土铲出撒在厢面上，使排藻通畅。播前若遇多雨天气，或因季节、劳力紧张，可预做沟、厢，达到能排积水即可，待天气转晴后再补开沟。机械开沟厢宽最适宽度为 1.6～1.8 米，太宽不便于沟土覆盖厢面，且厢面中央排灌不畅，导致厢面路面因干旱出苗不好或因渍水烂种死苗。机械开沟时土壤湿度以 70% 左右（手捏成团，手松即散）为宜。④底肥施用。底肥按每亩纯氮 10～12 千克，五氧化二磷

5～8 千克，氧化钾 7～10 千克，硼砂 1～1.5 千克，有机肥 2 000 千克标准施用。在灌水后厢面保留有薄薄一层水时施用，施肥后 2 天左右，土壤吸收固定后播种。

（3）播种。油菜直播播种适期为 9 月下旬至 10 月中旬，最迟以不超过 10 月底为宜。在田无积水时即可播种。用种量视种子芽率及土壤墒情而定，一般播种较早的每亩用种量 0.2～0.25 千克，播种较晚的，每亩用种量为 0.3 千克左右。为保证播种均匀，采取分厢定量播种法，先播定量的 2/3，再用剩下的 1/3 补匀。若遇秋旱，应抢墒播种。若土壤墒情不好，在播种前先灌一次"跑马水"。如遇播后天气干旱，可沟灌抗旱促出苗，以厢沟灌满水，让其慢慢浸湿厢面，严禁温灌。

长江流域一般秋冬干旱比较普遍，直播油菜播种后发芽出苗和幼苗生长受到严重影响，干旱已成为直播油菜高产稳产的一个主要制约因素。油菜播种期如遇干旱，可采用"三湿、三结合"抗旱播种法。"三湿"即种子湿、播种穴湿、盖种灰粪湿。"种子湿"是在播种前一天，将种子分次加水并拌动，加水总量约为种子重量的 60%，加水后用湿布遮盖，使之保持湿润状态，到种子萌动，个别露白尖时，再行摊开阴干，适时播种。播种时再加少量的水湿润。"播种穴湿"是淋粪水使土壤充分湿润。"盖种灰粪湿"是在播种前 1 天，将准备盖种的灰粪加入适量的水，使之潮湿。

"三结合"是边淋粪水、边播种、边盖籽三者结合进行，以防水分散失。注意盖种灰均匀撒在穴内，否则成堆，以免影响出苗。盖种需紧接在播种之后，但要待粪水完全渗入土中后再行盖种，否则会造成板结龟裂。在干旱的情况下，采用此法播种，湿度较高，3 天即可出苗，且无缺苗现象，植株生长快而整齐。

油菜苗期干旱，可采取沟灌方式，让水分慢慢浸湿厢面，或结合追肥进行灌溉，促进发根长叶，保证壮苗越冬。油菜三叶期以前宜采用灌水灌溉，以稀烧水为佳。

（四）油菜育苗技术

育苗移栽是将油菜在苗床上播种育苗，待幼苗长到一定大小后，再移栽到大田的一种栽培方式。

1. 苗床的选择

选择地势平坦、排灌方便、土质疏松、肥沃的沙壤土或壤土作苗床。旱地作苗床，前期作物最好是花生、芝麻、大豆、玉米等早秋作物，有些地方采用棉行大面积育苗或用辣椒地套种育苗，稻区可选用中稻田、晚稻秧苗田、单季晚稻田等作苗床。不宜作苗床的有：十字花科的蔬菜地，不能灌溉的斜坡地等。

留足苗床面积是培育壮苗的一个重要条件，殊不知来说，苗床与移栽大田面积比一般应为 1 :（4~6），苗床不足，会使秧苗密度过大，生长拥护，形成高脚苗和瘦弱苗，达不到壮苗的目的。早移栽的苗床可以稍小；晚栽的苗床面积应大一些；三熟制油菜移栽较晚，对苗的质量要求也较高，应适当放宽苗床的面积。高产油菜，常采用 1 亩苗床移栽 4~5 亩大田的比例。苗床不足是多年来生产上的一个问题，应予以注意。

2. 苗床整土

前作收后，根据土壤墒情及时翻耕，如果土壤质地良好，水分适宜，翻耕后随即耙地碎土。如土质黏重，水分较多应及时排水，在适耕时立即耕翻晒垡，待干湿度适宜时及时细耙。如用水稻田作苗床，要尽早开溜排水，落干晒田。翻耕深度不宜太深，一般 10~15 厘米为宜，以控制幼苗主根入土深度，减少移栽起苗时对根系的损伤。

土壤翻耕耙碎后，随即开沟作厢。苗床开溜作厢的规格，可根据地势、土质、灌排条件等方面来决定，以灌溉、管理方便而又不浪费土地为原则。地势较高、土质疏松、排水条件好的，可以做成平或开浅沟。地势较低，土质黏重，或者用水稻田作苗床，必须做成高厢。厢宽一般 1.5 米左右，以人站在厢沟内能方便操作为宜，沟宽 33 厘米，深 20 厘米左右。做到厢沟、腰沟、围沟三沟相通以利排湿。

苗床整地要求做到"平"、"细"、"实"是指厢面平整，雨后或浇水时不产生局部积水。"细"是要求表土层细碎，上无大块，下无暗垡，保证种子均匀落在土壤细粒之间，且深浅一致，使根部发育良好，拔苗时少断根，多带土，易成活。"实"是要求在细碎的基础上适当紧实，特别是沙性土质，过于松泡，则保水保肥力差，不利于幼苗早生快发及取苗时带土。同时，除去枯草根、石块、前作桩兜等。有条件的地方还可进行土壤消毒，以杀死土壤中的病虫源。

3. 施足底肥

苗床要施足底肥。瘦地、结构不黏土或沙土等应适当多施。底肥以有机肥为主，每亩用优质堆肥、土杂肥、火土灰等 2 吨以上，结合整地翻入土内，耙细混合均匀。播种前每亩用过磷酸钙 25~30 千克，或者磷矿粉 50~75 千克，撒施土面，与表土层混合，再用腐熟的从畜粪尿 1 吨左右对水施下，使苗床充分温润，供给发芽水分。如土壤肥沃且其他条件较好，有机质充分，可适当少施或不施，但磷素肥料仍须保证足量，施磷能促进根系发育，增强幼苗抵抗力。

4. 种子准备

选择发芽率较高的种子，一般以当年收获的种子较好。播种前抢晴天晒种 1~2 天，每天 3~4 小时，以增强种子活力。筛选除去种子中的杂物、秕粒及菌核等。目前油菜栽培上一般使用杂交品种，其后代不宜留种，播种前应到当地农技部门购买所需种子。

5. 播种

每亩苗床用精选种子 0.5 千克左右。播种过多，会加大间苗工作力度，如间苗不及时，易形成高脚苗。播种量过少，又会增加苗床面积，加大工作量。播种前应测定种子发芽率，发芽好的种子可适当少播，发芽率低的种子应加大播种量。

采用精量播种技术，分厢定量播种，确保撒种均匀。播种时可将种子与1∶10的细灰沙温和、反复匀播。播种后用腐熟的猪粪水泼透苗床，再用火土灰或细土、粪渣等覆盖，盖籽土一般厚1厘米左右，土壤墒情好可稍浅，墒情较差的应厚一些。播种后覆盖薄薄一层稻草或遮阳网，以减少水分的蒸发以及避免灌水时引起的土壤板结。在适宜的条件下，播种后一般3~5天即可出苗，如遇干旱应及时浇水，每天浇1~2次，出苗期间土壤应一直保持温润。若用稻草等覆盖保湿，应在子叶露出时及时揭开，以利生长。

6. 苗床管理

（1）早匀苗、早定苗。齐苗后应及时间苗，使苗床稀疏一致，通风透光好。间苗要早，特别是在底肥足、天阴雨的情况下，间苗过迟会形成大量的高脚苗、曲根苗。间苗需分2~3次进行。在幼苗子叶平展时，间除丛苗，1~2片叶再间苗1次，使叶不搭叶；3片真叶时定苗，每平方尺留苗9~10株，苗间距8~10厘米，定苗后每亩苗床留苗6万~9万株。匀苗、定苗时匀密补缺、去弱留壮、去小留大、去杂留纯、去病留健，同时排除杂草。

（2）喷施多效唑。使用多效唑是油菜培育矮壮苗的一项实用技术。多效唑能增叶壮根，有效地控制弯脚苗和弯曲苗，增强幼苗的耐旱、抗病能力，且能增加移栽弹性，促进返青成活。多效唑的最佳使用时期是三叶期至三叶一心期。施用方法是：定苗后亩用15%多效唑可湿性粉剂25克对水75千克或5%烯效唑20克对水50千克，于晴天露水干后喷雾，避免漏喷，千万注意不要重复喷施。

（3）及时追肥。油菜三叶期前后应重肥足水，促进其根系深扎，苗床追肥最好选用稀粪水，可结合抗旱时行，每亩施稀粪水1 000~1 500千克，或用尿素5~7千克，对水1 000~1 500千克泼浇。幼苗期以氮素营养为主，特别在5叶期交，为全生育期中N素营养代谢最旺盛时期。五叶期后，油菜进入旺盛生长阶段，此时应适当控制肥水，进行炼苗，以防止徒长和形成高脚苗。油菜的五叶期后，其根颈上长出不定根，其生长发育上也会产生一些变化。因此，在栽培管理上一般以五叶期为界，采取前促后控的措施，培育壮苗。移栽前一周根据苗情施一次送嫁肥，有利于栽后发根成活。

（4）防病治虫。苗床期如遇雨水较多，应加强防病，用40%多菌灵25克对水50千克喷雾，可防治霜霉病、白锈病和猝倒病；如苗床期干旱少雨则应加强治虫，增加防治次数，苗期主要虫害有菜青虫、蚜虫、猿叶虫和小菜蛾等。移栽前1~2天要全面治虫1次，做到带药移栽。

模块三　油菜规模生产生育进程各阶段栽培管理技术

油菜从播种到种子成熟期间．根据其生长发育阶段特点的不同，可以将其划分为 4 个生育阶段：苗期、蕾薹期、开花期和角果发育成熟期。油菜从播种到成熟所需要的时间一般春油菜为 80～130 天、冬油菜为 160～230 天。

一、油菜大田苗期生长发育特点及栽培管理

（一）油菜苗期生长发育特点

从出苗后子叶平展到现蕾这段时间为油菜的苗期。冬油菜甘蓝型品种苗期为 80～120 天，约占全生育期的一半，生育期长的品种可达到 130～140 天。春油菜较短为 20～45 天。苗期是器官分化、奠定丰产基础的关键时期。根据苗期的主要生育特点，一般将其分为苗前期和苗后期两个时期。从出苗至花芽开始分化称为苗前期，而从花芽分化开始至现蕾称为苗后期。

苗前期为营养生长期，主要是根系、缩茎、叶片等营养器官的生长时期。苗前期持续的时间与品种特性有关：一般早熟品种苗前期短，迟熟品种苗前期长；早熟品种早播的苗前期短，迟播的苗前期长，迟熟品种则相反。主茎各节在苗前期分化形成，当茎端开始花芽分化后，主茎节的分化即告停止。苗前期发育好，则主茎节数多，分枝多，并可促进苗后期主根膨大，幼苗健壮，分化较多的有效花芽，有利于壮苗早发，安全越冬，为高产打下基础。油菜在苗前期生长的叶片为长柄叶，是一组重要的叶片，它的作用贯穿油菜的一生。

苗后期除营养生长外，生殖生长开始进行，其幼茎顶端生长锥开始花芽分化，但仍以营养生长为主。这一时期是油菜的有效花芽分化期，对油菜的角果数及产量的高低起决定性的影响。油菜花芽分化开始时，开始伸出短柄叶。

苗期一般主茎不伸长，主茎基部节距很短，叶片丛生呈莲座状。只有在种植密度过大或春性较强的品种早播的情况下，主茎才能伸长，出现早薹现象。

（二）油菜的花芽分化

甘蓝型冬油菜苗后期开始花芽分化，短柄叶的出现可作为油菜开始进入花芽分化的判断依据。油菜花芽分化的迟早，与品种、播种期、苗体长势等密切相关。据严敦秀研究，9 月底正常秋播条件，甘蓝型油菜早、晚熟品种之间花芽分化始期相差 25 天左右。弱冬性品种（早熟品种）先分化，一般为出苗后 55 ~ 60 天，花芽分化要求 0℃以上的总积温为 850 ~ 880℃，晚熟品种需 0℃以上的总积温 1 000℃左右。据湖南农业大学研究，半冬性中熟品种在湖南省的花芽分化始期一般在 12 月中、下旬，出苗至花芽分化始期是决定油菜主茎节数的重要时期。

油菜花芽开始分化的早迟，受品种和栽培条件的影响。一般早熟品种花芽分化早，迟熟品种分化迟；播种期对花芽的分化始期的影响趋势为早播分化早，迟播分化迟；对早、中、晚品种而言，播种期早迟对晚熟品种花芽分化始期的影响相对较小，而对早熟品种的影响则较大，早熟品种早播花芽分化明显提早，所以早熟品种不能过早播种，苗龄不能过长，否则容易早薹早花。施肥对对花芽分化始期也存在一定的影响，施入底肥较多的花芽分化早，施肥较少的分化迟。冬前壮苗比弱苗花芽分化早，分化的小花数目较多。

油菜花芽分化的顺序为主茎生长锥→主茎腋芽→分枝腋芽。其中，主茎生长锥上的花芽，是先分化出的花芽居下位，随生长锥的不断生长，花芽不断分化形成花序状。主花序开始花芽分化后 20~25 天，分枝的花芽的分化形成。同级分枝花序花芽自上而下分化，同一花序花芽自下而上分化。第一次分枝多在冬前和越冬期间开始分化花芽，入春后开始分化的分枝多为第二、三次分枝。第一次分枝是决定产量的重要因素，因此，促进冬前早发壮苗，争取较多的第一次分枝，对夺取油菜高产十分重要。

花芽分化速度表现为苗期慢，蕾薹期快，始花期达分化高峰。但一般在现蕾以前分化的花芽是有效花蕾，蕾薹期后分化的花芽有效率低。因此，在冬前培育壮苗，对促进前期多分化花蕾十分重要。

(三) 油菜苗前期田间管理

苗前期是油菜发根长叶的时期，应创造一个良好的生长条件，培育壮苗越冬，以旺盛的营养生长促进后期的生殖生长。栽培管理上，苗前期的主攻方向是早发壮苗（秋发或冬发）。主要措施如下。

1. 抗旱排渍促稳长

长江流域秋旱比较普遍，移栽后常因水分缺乏，生长缓慢且不整齐；但有的年份又因移栽后长期阴雨，土壤通气性降低，影响油菜的成活与成长。因此，抗旱排渍是油菜苗期管理的一大主要任务。抗旱可采用浇水和沟灌方式，沟灌时应控制水面略低于厢面，快灌快排，以免土壤板结。挖好三沟（厢沟、腰沟、围沟），及时排渍。

2. 追施苗肥促早发

双低油菜苗肥更应以早施为宜，以氮素肥料为主，一般应在移植后 20 天内分 2 次进行追肥，施肥量占总肥量的 20%。第一次在移植后 5~7 天，看天看地追施活棵肥；如天气少雨干旱或土壤湿度小的田块，每亩用人粪尿 500~750 千克或用尿素 2~3

千克加水 1 000 ~ 1 500 千克浇施，根据根、肥、土三者密度，增加土壤湿度；对天气多雨或田间湿度大的田块，则可直接追施速效氮肥。隔 10 ~ 15 天施第二次追肥，每亩施 10 ~ 15 千克或尿素 5 千克加水 1 000 ~ 1 500 千克泼浇。

3. 中耕松土

移栽油菜在油菜返青成活后结合追肥进行第一次中耕，以后在冬前再进行 1 ~ 2 次中耕。中耕的深度宜先浅后深，不断满足根系发育对土壤深度的要求。移栽迟、苗小的田块要早松土，勤松土，结合肥水管理促进其根叶生长，使小苗变壮苗；对部分生长过旺的田块，宜深中耕，以切断部分根系，抑制地上部分生长，促旺苗壮苗。

4. 草害的防除

在油菜移植后 30 天左右，当田间杂草达 3 ~ 5 叶期时，每亩用 5% 精禾草克乳油 50 毫升或 10.8% 高效盖草能乳油 20 毫升加水 35 升畦面喷施，杀灭新生杂草。

(四) 油菜苗后期田间管理

苗后期油菜进入一生中最低温度阶段，常常会有一定时期的冰冻危害，对油菜生长影响较大。该时期的主要工作是保暖防冻，确保全苗越冬。冷害和冻害是指低温对油菜的正常生长产生不利影响而造成的危害，其中，冻害是指气温下降到 0℃ 以下，植株体内发生冰冻，导致植株受伤或死亡。冷害是指 0℃ 以上的低温对油菜生长发育造成的伤害；倒春寒是指春季天气回暖过程中，因冷空气侵入，气温明显下降，对油菜造成危害的天气。

1. 油菜冻害症状

油菜冻害主要表现有：叶片受冻、根拔及根部受冻、薹花受冻。其中叶片受冻最为常见。

（1）叶片受冻：主要表现有：①叶片发白、干枯；当气温下降到 –5℃ ~ –3℃ 时，叶片细胞间隙和细胞内部结冰，随着天气变暖，叶内冰晶吸热融化，组织内水分供应失调，叶片因缺水呈烫伤状，最后受冻部位变黄、枯萎，严重时全叶变白干枯。在气温突然下降又骤然回升的情况下尤其严重。②叶片皱缩：由于受冻部位叶肉尚能生长，而叶背的下表皮生长受阴，产生叶肉分离，导致叶表面皱缩不平。③叶片僵化，叶色发暗。

（2）根拔及根部受冻：当气温降至 –5℃ 左右时，土壤水分冻结，土层向上抬起，使植株根部外露折断，植株失水枯死，产生根拔现象。在耕作粗放，田间积水较多，移栽较浅的田块更容易发生。根部受冻还表现为根颈部受冻脱水，萎蔫皱缩，根系生长及植株水分供应受到影响，严重时全株死亡。弱苗及根上部裸露的菜苗（高脚苗和移栽不好的苗）更容易受害。

2. 油菜冷害症状

油菜冷害有 3 种类型：①延迟型。低温导致油菜生育期显著延迟。②障碍型。低温导致油菜薹花受害，影响授粉和结实。③混合型。由上述两类冷害相结合而成。其症状表现主要有：叶片上出现大小不一的枯死斑，叶色变浅，变黄及叶片萎蔫等。

3. 倒春寒危害症状

油菜抽薹后，其抗冻能力明显下降。当发生倒春寒，温度陡降到10℃以下，油菜开花明显减少，5℃以下则一般不开花，正在开花的花朵大量脱落，幼蕾也变黄脱落，花序上出现分段结实现象。此外，如果温度过低，叶片及薹茎也可能产生冻害症状。

4. 油菜冻害调查及冻害程度分级

（1）调查时间：融雪或严重霜冻解冻后 3 ~ 5 天观察。

（2）记载标准：对调查植株确定冻害程度，主要依据低温对展开叶、心叶及生长点的影响，将冻害程分 1、2、3、4 共四级，其中，1 级可能导致减产 10% 以下，2 级可能减产 10% ~30%，3 级可能减产 30% ~60%，4 级可能减产 60% 以上（表 3 – 1）。

a. 冻害植株百分率：表现有冻害的植株占调查植株总数的百分数。

b. 冻害指数的计算：

$$冻害指数（\%）=\frac{1 \times S_1 + 2 \times S_2 + 3 \times S_3 + 4 \times S_4}{调查总株数 \times 4} \times 100\%$$

式中：S_1、S_2、S_3、S_4 为表现 1 ~4 级冻害的油菜株数。

表 3 – 1   油菜冻害分级标准

分级	表现症状
1	个别大叶受害，受害叶局部萎缩呈灰白色，但心叶正常，根茎完好，生长点未受冻；死株率 5% 以下
2	有半数叶片受害，受害叶局部或大部枯萎，个别植株心叶及生长点受冻呈水浸状；死株率 5% ~15%
3	大叶全部受冻枯萎，部分植株心叶和生长点受冻呈水浸状；死株率 15% ~50%
4	地上部严重枯萎，大部分植株心叶和生长点受冻呈水浸状；死株率 50% 以上

5. 油菜冻害的预防措施

预防油菜冻害与冷害，可以选用合适的抗寒品种并培管方式，对提高油菜的抗寒性，确保全苗、壮苗、安全越冬有着重要意义。主要预防措施有：

（1）选择适当的品种。选择当地农业推广部门推荐的在当地能够安全越冬的抗寒品种，不使用未经审定的品种。

（2）壮苗越冬。苗势过旺或过弱，均不利抗寒。在越冬期，要求根茎粗 1 ~2 厘米，叶片肥厚，叶色深，匍匐地面，这样的苗势具有较强的抗寒能力。

（3）中耕培土。疏松土壤，增厚根系土层，不仅可提高土壤

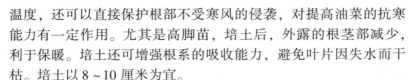

温度，还可以直接保护根部不受寒风的侵袭，对提高油菜的抗寒能力有一定作用。尤其是高脚苗，培土后，外露的根茎部减少，利于保暖。培土还可增强根系的吸收能力，避免叶片因失水而干枯。培土以 8 ~ 10 厘米为宜。

（4）覆盖防寒。越冬前，在油菜行间用稻草、谷壳或其他作物秸秆铺盖，可提高土温 2 ~ 3℃，并可阻挡寒风直接侵袭根茎部，既防寒保暖，又可提供油菜春后的养分。当寒潮来临，气温下降到 0℃时，还可在油菜叶面上撒一层谷壳灰、草木灰、火土灰等，可以防止叶片受冻。

（5）初冬施肥。冰冻之前，每亩油菜追施 500 ~ 750 千克稀粪水，可提高土壤溶液浓度和盐分含量，使土壤不易结冰，可显著提高油菜的抗寒能力。

（6）灌水防冻。灌冬水是北方冬季油菜栽培的关键措施，冬前灌越冬水，可以缩小土壤的昼夜温差，减轻冻害死苗，长势好的油菜可在土壤封冻前 10 ~ 15 天灌水，长势差的则应适当提早，以促进冬前发育。

（7）熏烟防冻。有条件的地方，于低温的夜晚在油菜田边采用杂草、木屑、谷壳、稻草等进行熏烟防霜，使地面笼罩一层烟雾形成农田小气候，防治冻害的发生。

（8）喷施多效唑。喷施适量多效唑，能控制菜苗生长，使其矮化，根茎变粗，叶片增厚，叶绿素增多，越冬时抗寒能力增强。油菜三叶一心期，每亩用多效唑 100 毫克/千克浓度溶液 50 千克喷施。

（9）在天气骤然变冷，其他措施来不及情况下，在油菜叶面和田间撒施一层草木灰，可直接保护叶面。

6. 油菜冻后补救措施

（1）排水。冰雪过后及时疏通"三沟"，排干田间渍水，提高土壤通透性，减轻冻害和渍害对农作物造成的双重影响。同时防止渍水成冰，日化夜冻加重冻害。

（2）出现根拔现象的油菜，及时用碎土培蔸 7～10 厘米，防止断根死苗。

（3）松土：冰冻过后及时中耕松土，提高地温，促进根系发育。

（4）合理施肥。油菜受冻后，叶片和根系受到损伤，必须及时补充养分。有条件的地方可追施火土肥、草木灰等热性农家肥，也可适量施用氮肥和磷钾肥。

（5）油菜受冻后，植株受损，易发生菌核病等病害，应加强预防工作。及时喷施多菌灵、菌核净等进行防治。

（6）及时改种，如果油菜已经死亡或者大部分已经死亡，有条件的地方可改种春季马铃薯或其他速生蔬菜，尽量减少损失。

为方便使用，可参考表 3－2 油菜冻害防治技术明白卡。

表 3－2　油菜冻害防治技术明白卡

类型	主要症状	技术和措施
轻度冻害	仅个别大叶受害，受害叶层局部萎缩呈灰白色	1. 及时清理厢沟、腰沟、围沟，排除雪水、降低田间湿度，促进油菜生长 2. 用硼肥 50 克、磷酸二氢钾 100 克、多菌灵 150 克混合后对水 50 千克，在晴天均匀喷雾，有条件的地方，可以撒施草木灰等农家肥
中等冻害	有半数叶片受害，受害叶层局部或大部萎缩、焦枯，但心叶正常	1. 及时清理厢沟、腰沟、围沟，排除雪水、降低田间湿度，促进油菜生长 2. 根据苗情长势，可每亩追施尿素 3～5 千克，结合硼肥 50 克、磷酸二氢钾 100 克、多菌灵 150 克混合后对水 50 千克，在晴天均匀喷雾。有条件的地方，可以撒施草木灰等农家肥
严重冻害	全部叶片大部受害，受害叶局部或大部萎缩、焦枯，心叶为正常绿色，植株尚能恢复生长	1. 及时清理厢沟、腰沟、围沟，排除雪水、降低田间湿度，促进油菜生长 2. 根据苗情长势，可每亩追施尿素 5 千克左右，结合硼肥 50 克、磷酸二氢钾 100 克、多菌灵 150 克混合后对水 50 千克，在晴天均匀喷雾。有条件的地方，可以撒施草木灰等农家肥

（续表）

类型	主要症状	技术和措施
花蕾期冻害	年前抽薹开花，遭遇冻害导致部分薹茎枯死或花序萎蔫	1. 及时清理厢沟、腰沟、围沟，排除雪水、降低田间湿度，促进油菜生长 2. 解冻后选择晴天，用刀从枯死茎段以下2厘米处斜面割除受冻菜薹，以促进基部分枝生长 3. 用硼肥50克、磷酸二氢钾100克、多菌灵150克混合后对水50千克，均匀喷雾
致死冻害	全部大叶和心叶匀萎蔫焦枯，趋向死亡	将死亡植株作绿肥翻耕到土壤中，提高土壤肥力并可控制土传病害。有条件的地方可改种马铃薯、速生性蔬菜等，尽量挽回损失

冻害早预防，确保油菜得丰收：
1. 选用农业部门主推的耐寒抗冻油菜品种，不要购买未经审定的油菜品种
2. 播种期一般在9月15日至10月17日，过早和过晚都会降低油菜的生长能力
3. 苗期在合理施肥，培育越冬壮苗。对长势较差的要适当增加追肥的施用量，促进早发壮苗；对长势偏旺的要适当控制氮肥、增施磷肥和钾肥的施用量
4. 在冬至前进行中耕除草，培土壅蔸，及时清理三沟，减轻湿害。有条件的地方可实施秸秆覆盖，增温保水，提高油菜抗寒抗冻能力

（五）油菜苗期病虫害防治

1. 防治虫害

　　油菜苗期主要害虫有蚜虫、菜青虫、黄曲条跳甲、甜菜夜蛾、斜纹夜蛾等。

　　（1）蚜虫。蚜虫是危害油菜最严重的害虫。主要有萝卜蚜（菜缢管蚜）、桃蚜和甘蓝蚜3种，3种蚜虫均以成虫和若蚜吸取嫩枝和嫩叶的汁液。①形态特征。3种蚜虫在危害油菜期间均分为有翅和无翅两型，每型又有若虫和成虫两种虫态。若虫为成虫胎生产生，二者形态相似，但若虫体形较小。a. 萝卜蚜：成蚜体长1.6~1.9毫米，被有稀少白粉。头部有额瘤但不明显，触角较短，约为体长的1/2。腹管短，稍长于尾片，管端部缢缩成瓶颈状。有翅成蚜头胸部黑色，腹部绿色至黄绿色，腹侧和尾部有黑斑。无翅成蚜头胸部黑色，腹部绿色至黄绿色，腹侧和尾部有黑

斑。无翅成蚜全体绿色或黄绿色，各节背面有浓绿斑。b. 桃蚜：成蚜体长 1.8~2.0 毫米，体无白粉。头部有明显内倾额疣，触角长，与体长相同。腹管细长，中后部膨大，长于尾片长度 1 倍以上，有翅成蚜头胸部黑色，腹部黄绿、呈赤褐色，腹背中后部有一大黑斑。远看成蚜全体同色，黄绿或赤褐或橘黄色。c. 甘蓝蚜：成蚜体长 2.2~2.5 毫米，体厚，被有白粉。头部额疣不明显，触角短，约为体长 1/2。腹管很短，不及触角等 5 节尾片长度，尾片短圆锥形。有翅成蚜头胸部黑色，腹部黄绿色，腹背有暗绿色横带数条。无翅成蚜全体暗绿色，腹部各节背面有断续黑横带。②危害特点。蚜虫均以成蚜、若蚜刺吸油菜叶片、秸秆及花轴汁液，喜欢密集在叶面或心叶中，叶片受害出现褪色斑点，严重的发黄蜷缩、变形或枯死。苗期主要在心叶或叶背吸汁，使油菜生长停滞、蜷缩、菜叶难以展开，重则枯萎死亡。蚜虫不仅直接危害油菜，而且是油菜病毒病的主要传毒媒介，其传播的病毒病的危害比其自身危害更大。③防治方法。苗期蚜株率 10%，每株有蚜虫 1~2 头，开始防治。一是农业措施。选种抗虫优良品种；在秋季蚜虫迁飞之前，清除田间杂草和残株落叶，以减少虫口基数。二是药剂防治。50% 抗芽威 2 000~3 000 倍，或用 10% 吡虫啉 1 500 倍，或用 10% 高效灭百可乳油 1 500 倍，或 2.5% 高效氯氟氰菊酯 1 000 倍，或用 40% 毒死蜱 1 000 倍，或用 20% 丁硫克百威 1 000 倍，用 25% 噻虫嗪 4 000 倍等。如果温度低于 25℃，尽量避免使用吡虫啉。三是生物防治。利用瓢虫、草蛉、食芽蝇、芽茧蜂等天敌灭杀或抑制油菜蚜虫大流行。

（2）菜青虫、菜粉蝶。菜粉蝶属昆虫纲鳞翅目粉蝶科，幼虫称菜青虫。全国性分布，嗜食危害十字花科植物，尤以苗期危害严重。①形态特征。成虫体长 18~20 毫米，翅粉白色，前翅基灰黑，顶角为三角形黑斑，翅中后方有 2 黑斑；后翅前缘亦有黑斑。老幼虫体长 28~35 毫米，青绿色，背线黄色但不明显，体背密布小黑疣，上生细毛。卵长 1 毫米，柠檬形，黄色。蛹长

18～21毫米，灰黄、褐色，头端突起，胸部变小有尖突。②危害特点。幼虫主要在苗床中后期、移栽前危害叶面，尤以甘蓝型双低油菜受害较重。初孵幼虫啃食叶片、残留表皮，2龄前只能啃食叶肉，留下一层透明的表皮；3龄以后食量增大，将叶片吃成缺口，严重时仅留叶脉，影响植株生长发育和包心，造成减产。此外，虫粪污染花菜球茎，降低商品价值。③防治方法。一是农业措施。清除田间杂草和残株落叶，及时深翻耙地，以减少虫口基数。二是化学防治。卵孵化高峰后一周左右至幼虫3龄以前进行药剂防治。选用1.8%阿维菌素30毫升/亩，或用10%高效灭百可乳油20～30毫升/亩，2.5%高效氯氟氰菊酯1 000倍液，或用40%毒死蜱1 000倍液，或用2.5%溴氰菊酯乳油2 000～3 000倍液等喷雾。三是生物防治。用100亿活芽孢/克苏云金杆菌可湿性剂或青虫菌粉，每亩用100～300克对水50～60千克喷雾；或人工释放粉蝶金小蜂、绒茧蜂以及应用青虫颗粒病毒。

（3）黄曲条跳甲。黄曲条跳甲属鞘翅目、叶甲科害虫，俗称狗虱虫、跳蚤，简称跳甲，常为害叶菜类蔬菜，以甘蓝、花椰菜、白菜、菜薹、萝卜、芜菁和油菜等十字花科蔬菜为主，但也为害茄果类、瓜类、豆类蔬菜。①形态特征。成虫体长约2毫米，长椭圆形，黑色有光泽，前胸背板及鞘翅上有许多刻点，排成纵行。鞘翅中央有一黄色纵条，两端大，中部狭而弯曲，后足腿节膨大、善跳。卵长约0.3毫米，椭圆形，初产时淡黄色，后变乳白色。幼虫老熟幼虫体长4毫米，长圆筒形，尾部稍细，头部、前胸背板淡褐色，胸腹部黄白色，各节有不显著的肉瘤。蛹长约2毫米，椭圆形，乳白色，头部隐于前胸下面，翅芽和足达第5腹节，腹末有一对叉状突起。②危害特点。成虫和幼虫都能危害油菜。成虫啃食叶片，造成细密小孔，严重时可将叶片吃光，使叶片枯萎、菜苗成片枯死，并可取食嫩荚，影响结实。幼虫专食地下部分，蛀害根皮，使根表皮形成许多弯曲虫道，从而造成菜苗生长发育不良，地上部分由外向内逐渐变黄，最后萎蔫而死。③防治方法。一是农业防治。实行轮作，减少与十字花科作物的连作，推广配方施肥技术，实行健身栽培，培育壮苗；在秋季蚜虫迁飞之前，清除田间杂草和残株落叶，以减少虫口基数；干旱年份应避免过早播种；播种前灌水，消灭黄曲条跳甲成虫。二是药剂防治。注意防治成虫宜在早晨和傍晚喷药。可选用下列药剂：5%抑太保乳油4 000倍液，或用5%卡死克乳油4 000倍液，或用5%农梦特乳油4 000倍液，或用40%菊杀乳油2 000～3 000倍液，或用40%菊马乳油2 000～3 000倍液，或用20%氰戊菊酯2 000～4 000倍液，或用苗蒿素杀虫剂500倍液，可用敌百虫或辛硫磷液灌根以防治幼虫。

（4）甜菜夜蛾。鳞翅目，夜蛾科，别名贪夜蛾。①形态特征。成虫体长8～10毫米，翅展19～25毫米。灰褐色，头、胸有黑点。前翅灰褐色，基线仅前段可见双黑纹；内横线双线黑色，波浪形外斜；剑纹为一黑条；环纹粉黄色，黑边；肾纹粉黄色，中央褐色，黑边；中横线黑色，波浪形；外横线双线黑色，锯齿形，前、后端的线间白色；亚缘线白色，锯齿形，两侧有黑点，外侧在1毫米处有一个较大的黑点；缘线为一列黑点，各点内侧均呈白色。后翅白色，翅脉及缘线黑褐色。卵圆球状，白色，成块产于叶面或叶背，8～100粒不等，排为1～3层，外面覆有雌蛾脱落的白色绒毛，因此，不能直接看到卵粒。末龄幼虫体长约22毫米，体色变化很大，由绿色、暗绿色、黄褐色、褐色至黑褐色，背线有或无，颜色亦各异。较明显的特征为：腹部气门下线为明显的黄白色纵带，有时带粉红色，此带直达腹部末端，不弯到臀足上，是别于甘蓝夜蛾的重要特征，各节气门后上方具一明显白点。蛹长10毫米，黄褐色，中胸气门外突。②危害特点。初孵幼虫群集叶背，吐丝结网，在其内取食叶肉，留下表皮，成透明的小孔。3龄后可将叶片吃成孔洞或缺刻，严重时仅余叶脉和叶柄，导致油菜苗死亡，造成缺苗断垄，甚至毁种。③防治方法。一是农业措施。秋末初冬耕翻油菜地可消灭部分越冬蛹。春季3～4月除草，消灭杂草上的初龄幼虫。卵块多产在叶背，其上有松软绒毛覆盖，易于发现，且1、2龄幼虫集中在产卵叶或其附近叶片上，结合田间操作摘除卵块，捕杀低龄幼虫。二是药剂防治。于3龄前喷洒90%晶体敌百虫1 000倍液，或用20%杀灭菊酯乳油2 000倍液，或用5%抑太保乳油3 500倍液，或用20%灭幼脲1号胶悬剂1 000倍液，或用44%速凯乳油1 500倍液，或用2.5%保得乳油2 000倍液，或用50%辛硫磷乳油1 500倍液。三是生物防治。喷用每克含孢子100亿以上的杀螟杆菌或青虫菌粉500～700倍液；施用甜菜夜蛾性外激素。

（5）斜纹夜蛾。鳞翅目，夜蛾科。别名莲纹夜蛾、莲纹夜盗蛾。①形态特征。成虫体长14～20毫米，翅展35～40毫米，头、胸、腹均深褐色，胸部背面有白色丛毛，腹部前数节背面中央具暗褐色丛毛。前翅灰褐色，斑纹复杂，内横线及外横线灰白色，波浪形，中间有白色条纹，在环状纹与肾状纹间，自前缘向后缘外方有3条白色斜线，故名斜纹夜蛾。后翅白色，无斑纹。前后翅常有水红色至紫红色闪光。卵扁半球形，直径0.4～0.5毫米，初产黄白色，后转淡绿，孵化前紫黑色。卵粒集结成3～4层的卵块，外覆灰黄色疏松的绒毛。老熟幼虫体长35～47毫米，头部黑褐色，腹部体色因寄主和虫口密度不同而异：土黄色、青黄色、灰褐色或暗绿色，背线、亚背线及气门下线均为灰黄色及橙黄色。从中胸至第9腹节在亚背线内侧有三角形黑斑1对，其中以第1、第7、第8腹节的最大。胸足近黑色，腹足暗褐色。蛹长约15～20毫米，赭红色，腹部背面第4至第7节近前缘处各有一个小刻点。臀棘短，有一对强大而弯曲的刺，刺的基部分开。②危害特点。幼虫食叶、花蕾、花及果实，严重时可将全田作物吃光。③防治方法。一是农业防治。及时翻犁空闲田，铲除田边杂草。在幼虫入土化蛹高峰期，结合农事操作进行中耕灭蛹，降低田间虫口基数。在斜纹夜蛾化蛹期，结合抗旱进行灌溉，可以淹死大部分虫蛹，降低基数。在斜纹夜蛾产卵高峰期至初孵期，采取人工摘除卵块和初孵幼虫为害叶片，带出田外集中销毁。合理安排种植茬口，避免斜纹夜蛾寄主作物连作。有条件的地方可与水稻轮作。二是物理防治。成虫盛发期，采用黑光灯、糖醋酒液诱杀成虫。三是药剂防治。掌握在卵块孵化到 3 龄幼虫前喷洒药剂防治，此期幼虫正群集叶背面为害，尚未分散且抗药性低，药剂防效高。用虫瘟一号斜纹夜蛾病毒杀虫剂 1 000 倍液，或用 1.8% 阿维菌素乳油 2 000 倍液，或用 5% 抑太保乳油 2 000 倍液，或用 10% 吡虫啉可湿性粉剂 1 500 倍液，或用 18% 施必得乳油 1 000 倍液，或用 20% 米满悬浮剂 2 000 倍液，或用 52.25% 农地乐乳油 1 000 倍液，或用 25% 菜喜悬浮剂 1 500 倍液，或用 10% 除尽悬浮剂 1 500 倍液，或用 2.5% 天王星 3 000 倍液，或用 20% 氰戊菊酯乳油 1 500 倍液，或用 2.5% 功夫乳油 2 000 倍液，或用 4.5% 高效氯氰菊酯乳油 1 000 倍液，或用 2.5% 溴氰菊酯乳油 1 000 倍液，或用 5% 氟氯氰菊酯乳油 1 000 ~ 1 500 倍液，或用 20% 甲氰菊酯乳油 3 000 倍液，或用 20% 菊马乳油 2 000 倍液，或用 5% 来福灵乳油 2 000 倍液，或用 48% 毒死蜱乳油 1 000 倍液，或用 10% 联苯菊酯乳油 1 000 ~ 1 500 倍液，或用 90% 杜邦万灵可湿性粉剂 3 000 ~ 4 000 倍液，或用 0.8% 易福乳油 2 000 倍液，或用 15% 安打悬浮剂 4 000 倍液，或用 35% 顺丰 2 号乳油 1 000 倍液，或用 15% 菜虫净乳油 1 500 倍液，或用 44% 速凯乳油 1 000 ~ 1 500 倍液，或用 2.5% 保得乳油 2 000 倍液，或用 24% 万灵水剂 1 000 倍液。采取挑治与全田喷药相结合的办法，重点防治田间虫源中心。由于幼虫白天不出来活动，喷药宜在午后及傍晚进行。每隔 7 ~ 10 天喷施 1 次，连用 2 ~ 3 次。

2. 防治病害

油菜苗期主要病害有根肿病、根腐病、霜霉病、猝倒病、白锈病、白粉病等。

（1）根肿病。只侵染油菜等十字花科作物。①症状识别。主要危害油菜根部，引起根部肿大，肿瘤主要发生在主根上，侧根上的肿瘤相对较少。主根或侧根膨大成球状、指形或不规则形的肿瘤，初期表面光滑、白色，后期变褐、粗糙，表面出现龟裂，易为土中杂菌感染而腐烂。主根上部或茎基部因下部根腐朽而长出许多新根。当油菜根部出现典型的根部肿大时基本上没有什么药剂可以根治。早期识别可以通过地上植株特征来判断：染病植株地上部生长不良，叶片变黄萎蔫，植株矮小。典型症状为初期感病植株叶片在中等或有太阳时出现萎蔫，早晚可恢复。后期叶片无光泽，继而叶色灰绿或黄色直至死亡（图3-1）。②防治方法。一是农业措施。实行3年以上不与十字花科蔬菜轮作，并及时进行杂草防除；育苗移栽的油菜应该采用无病土育苗或播前用氟喹胺、氰霜唑等进行苗床土壤消毒；加强栽培管理，深沟窄畦，清沟防渍，及时排除田间积水，降低土壤湿度；及埋拔除病株并携出田外烧毁，在病穴四周撒消石灰，以防病菌蔓延。二是土壤改良消毒，结合整地在酸性土中每亩施消石灰100～150千克，并增施有机肥；重病田中每亩撒施石灰75千克或拔除病株后，于病穴中撒石灰消毒，但施用石灰后次年一定要增加有机肥改良土壤。三是根肿病发病田块，在植株定植后用10%氰霜唑悬浮液1 500～2 000倍液灌根，每株0.2～0.4升，或用10%氰霜唑悬浮剂1 500～2 000倍液在移栽苗周围（直径15～20厘米内）浇

图3-1 油菜根肿病

水（要浇透，淋水深度达到 15 厘米），要求每株苗达到 250 毫升的药液量。四是生物防治，采用芽孢杆菌进行幼苗灌根处理。

（2）根腐病。根腐病又称立枯病、纹枯病。①症状识别。病菌主要危害油菜植株茎基和根部，有时危害叶片。引起苗枯、茎枯和根腐。幼苗受害后茎基部初生黄色小斑，渐成浅褐色水渍状，后变为灰黑色凹陷斑，受害的茎部逐渐渐干缩，根茎部细缢，病苗折倒，并形成大量菌核。病叶发黄，易脱落。成株期靠近地面的茎及叶柄起初产生浅褐色水渍状斑，以后为灰黑色凹陷斑，根茎部及膨大的根上均有灰黑色凹陷斑，稍软。湿度大时在病部形成灰色蛛丝状菌丝。植株下部叶片萎垂、发黄，严重时全株枯萎。②防治方法。一是农业措施。根据当地气候，适期播种，特别注意不宜过早播种，以防冬前生长过旺，植株的抗寒力；播种后注意培育壮苗，增施磷钾肥；清沟排水，降低土壤清晰度。遇连续几天高温天气，应及时灌水降低地温，控制病害发生；在南方油菜地不要用带有纹枯病的稻草作覆盖物，收获后注意清除病残株，进行烧毁或沤肥。也不宜在纹枯病重的稻田种植油菜。二是施用日本酵素菌沤制的堆肥，也可采用猪粪堆肥，培育拮抗菌 *Bacillus cereas* 进行土壤或种子处理，可有效地抑制丝核菌，达到防治立枯病的目的。三是必要时喷洒 70% 甲基硫菌灵可湿性粉剂 600 ~ 800 倍液，或用 70% 恶霉灵 1 000 ~ 1 500 倍液灌根，或用 50% 凯泽水分散粒剂 1 250 倍灌根。

（3）霜霉病。该病发生与气候、品种和栽培条件关系密切，气温 8 ~ 16℃、相对湿度 90%、弱光利于该菌浸染。生产上低温多雨、高湿、日照少利于病害发生。①症状识别（图 3 - 2）。油菜各生育期均可感病，主要以油菜地上部分器官受害较重。受害部位处的叶、茎和角果等部分组织变黄，并长出白色霜霉状物。冬油菜子叶期发生严重，受害植株通常在子叶背面出现白色箱霉状物，下面出现黄色斑块；花梗染病后，顶部肿大弯曲，呈"龙头拐"状，花瓣肥厚变绿，不结实，上生白色霜霉状物。叶片染病初现浅绿色小斑点，后扩展为多角形的黄色斑块，叶背面长出白霉。②防治方法。一是农业措施。选用抗病品种。提倡种植甘蓝型油菜；与禾本科作物进行两年轮作，可大大减少土壤中卵孢子数量，降低菌源；适期播种，不宜过早播种，合理密度，合理施用氮、磷、钾肥提高抗病力，防止苗期积水和淹苗。二是种子处理。用35%甲霜灵对种子进行拌种处理（每1千克种子；350克甲霜灵）。三是药剂防治。一般在3月上旬抽薹期，当病株率达20%以上时，每亩选用10%氰霜唑50～70毫米、或用50%阿克白20～30克、或用72%霜脲锰锌100～150克、或用72.2%霜霉威盐酸盐60～100克、或用58%甲霜灵锰锌150～200克等其中一种对水30～45千克喷雾，隔7～10天喷药1次，连续防治2～3次。

图3-2　油菜霜霉病

（4）猝倒病。猝倒病是油菜育苗期的一类重要土传病害，在多雨地区发病较重，常引起缺苗断垄。猝倒病主要为害油菜、黄瓜、青椒、莴苣、芹菜和菜豆等多种植物幼苗，严重时成乍死苗，甚至毁种。另外，猝倒病菌也可侵染苗木、花卉、烟草等。据统计，病危害约占幼苗死亡的80%，造成重大的经济损失。①症状识别。猝倒病主要发生在油菜出苗后，在长出1～2片真叶之前，初期在茎基部近地面处产生水渍状淡褐色斑，腐烂，后缢缩成线状，最后死亡。根部发病，出现褐色斑点，严重时地上部分萎蔫，从地表处折断，潮湿时，病部密生白霉。发病轻的幼苗，可长出新的支根和须根，但植株生长发育不良。子叶上亦可产生与幼茎上同样的病斑。

油菜立枯病与油菜猝倒病的区别：立枯病发病植株枯死而不倒伏，通常在病部土壤形成菌核；猝倒病病苗倒伏，且在发病部位产生棉絮状白霉（图 3 - 3）。②防治方法。一是农业防治。选用抗病品种；田间管理，提倡施用酵素菌沤制的堆肥和充分腐熟的有机肥，增施磷钾肥，避免偏施氮肥，培育壮苗；适时灌溉，雨后及时排水、排渍，防止地表湿度过大；合理密植，田间湿度，防止湿气滞留，促进幼苗健壮生长，提高抗病力；轮作，与非十字花科作物进行轮作。二是种子处理，可用种子重量 0.2% 的 40% 拌种双粉剂或拌种灵、80% 敌菌丹拌种。三是土壤处理，可按照 50% 福美双 500 克/亩进行苗床处理。四是喷药处理，苗床如果发现少量病苗，应及时拔除，可选用 30% 恶·甲 10 毫升、50% 烯酰吗啉 10 克、72.2% 霜霉威 15 毫升对水 15 升泼浇，每平方米用 2 ~ 3 升药水，以防治病害蔓延。

图 3 - 3　油菜猝倒病

（5）白锈病。是油菜在种植时期容易发生的真菌性病害。叶片染病在叶面上可见浅绿色小点，后渐变黄呈圆形病斑，叶背面病斑处长出白色漆状疱状物。①症状识别。叶、茎、角果均可受害。叶片染病在叶面上可见浅绿色小点，后渐变黄呈圆形病斑，叶背面病斑处长出白色漆状疱状物。花梗染病顶部肿大弯曲，呈"龙头"状，花瓣肥厚变绿，不能结实。茎、枝、花梗、花器、角果等染病部位均可长出白色漆状疱状物，且多呈长条形或短条状。系统侵染时产生龙头拐症状，不同于油菜霜霉病。但在油菜花梗上可见霜霉菌二次侵染，即在白锈菌孢子囊堆里可见到霜霉菌，这是在竞争营养。②防治方法。一是农业措施。选用抗白锈病的油菜品种；提倡与大小麦等禾本科作物进行 2 年轮作，可大大减少土壤中卵孢子数量，降低菌源；加强田间管理，做到适期播种，不宜过早；根据土壤肥沃程度和品种特性，确定合理密度；采用配方施肥技术，合理施用氮磷钾肥提高抗病力；雨后及时排水，防止湿气滞留和淹苗。二是种子处理。用种子重量 1% 的 35% 瑞毒霉或甲霜灵拌种。三是药剂防治，一般在 3 月上旬抽薹期，调查病情扩展情况，当病株率达 20% 以上时，开始喷洒 40% 霜疫灵可湿性粉剂 150 ~ 200 倍液或 75% 百菌清可湿性粉剂 500 倍液、72.2% 普力克水剂 600 ~ 800 倍液、64% 杀毒矾米。可湿性粉剂 500 倍液、36% 露克星悬浮剂 600 ~ 700 倍液、58% 甲霜灵·锰锌可湿性粉剂 500 倍液、70% 乙膦·锰锌可湿性粉剂 500 倍液、40% 百菌清悬乳剂 600 倍液，每 667 平方米喷对好的药液 60 ~ 70 升，隔 7 ~ 10 天 1 次，连续防治 2 ~ 3 次。在霜霉病、白斑病混发地区，可选用 40% 霜疫灵可湿性粉剂 400 倍液加 25% 多菌灵可湿性粉剂 400 倍液。在霜霉病、黑斑病混发地区，可选用 90% 三乙膦酸铝可湿性粉剂 400 倍液加 50% 扑海因可湿性粉剂 1 000 倍液或 90% 三乙膦酸铝可湿性粉剂 400 倍液加 70% 代森锰锌可湿性粉剂 500 倍液，兼防两病效果优异。对上述杀菌剂产生抗药性的地区可改用 72% 杜邦克露、72% 克霜氰、72% 霜脲锰锌或用 72% 霜霸可湿性粉剂 600 ~ 700 倍液。提倡施用 69% 安克·

锰锌可湿性粉剂 900 ~ 1 000 倍液。此外，还可选用 65% 甲霉灵可湿性粉剂 1 000 倍液或 50% 多霉灵可湿性粉剂 800 ~ 900 倍液，可兼治油菜白斑病。

（6）白粉病。病原为十字花科白粉菌，属子囊菌亚门真菌。闭囊壳聚生至散生，扁球形，暗褐色。主要为害叶片、茎、花器和种荚，发病轻者病变不明显，仅荚果稍变形；发病重的叶片褪绿黄化早枯，种子瘦瘪。①症状识别。该病主要为害叶片、茎、花器和种荚，产生近圆形放射状白色粉斑，菌丝体生于叶的两面，展生，后白粉常铺满叶、花梗和荚的整个表面，即白粉菌的分生孢子梗和分生孢子，发病轻者病变不明显，仅荚果稍变形；发病重的叶片褪绿黄化早枯，种子瘦瘪。②防治方法。一是农业防治。选用抗病品种；采用配方施肥技术，适当增施磷钾肥，增强寄主抗病力。二是药剂防治。发病初期喷洒 2% 武夷菌素（Bo－10）水剂 200 倍液或 40% 多·硫悬浮剂 600 倍液、40% 福星乳油 8 000 ~ 10 000 倍液、15% 三唑酮可湿性粉剂 1 500 ~ 2 000 倍液、12% 绿乳铜乳油 500 倍液。有些油菜品种对铜制剂敏感，应严格控制药量，以免发生药害。

（六）油菜苗期生长异常及其预防

1. 油菜苗期的长势长相

越冬期的菜苗，根据其生长发育情况，一般可分为 4 种类型。

（1）秋发型。秋季长得好的油菜，到秋末（11 月底）即已开盘发棵，在密度适宜（每亩 6 000 ~ 8 000 株），植株有绿叶 9 ~ 10 片，叶面积指数 1.2 ~ 2。到越冬前（12 月底）植株有绿叶 12 ~ 13 片，密度稀的情况下有 13 ~ 14 片叶，叶面积指数 2.5 ~ 3，这样长相的油菜称为秋发生长型。秋发型油菜产量比冬发型和冬壮型高产潜力要大，配合适当的栽培措施，可获得高产。

（2）冬发型。越冬前（12 月底）苗体较大，营养生长旺盛，越冬前有绿叶 9～10 片，开盘直径在 1.5 厘米以上，根系发育良好。这种苗冬前施肥量较多，植株的营养生长量大，春后要采取相应的栽培措施，达到春发稳长，就能取得高产。这种苗在冬季气温较温和，春季升温早而的地区较易获得高产。但在冬季温度低，春后雨水多，病害较的地区，容易遭受冻害和病害，产量不稳定。

（3）冬壮型。越冬前具有 7～8 片绿叶，苗体适中，根茎粗 1～1.4 厘米，外围大叶紫边绿心，叶厚色绿，根系发达。冬壮苗营养体健壮，抗寒能力较强，是大面积夺取高产的主要类型。

（4）冬养型。越冬前苗体较小，单株只有 5～6 片绿叶，根系发育较差，抗寒性较差，易遭受冻害，这类苗春后形成的分枝少，产量较低，生产上只有适当加大密度，早施重施薹肥才可争取一定的产量，是生产上要控制的苗类。

2. 油菜的早薹早花及其预防

苗后期油菜生产上出现的一个现象就是早薹早花。油菜早薹早花是指油菜在冬前或冬季就抽薹开花，这种花多不能正常结果，是一种不正常的开花表现。

（1）油菜早薹早花的原因。一是秋冬气温偏高导致早薹早花。秋冬出现高温、干旱，致使春性、半冬性品种的营养生长期缩短，生殖生长提高，从而出现早薹早花。二是品种特性。油菜开花需要经过一定的低温阶段，不同品种对低温的要求不同，冬性品种一般要经过 20 天 0～5℃的低温春化阶段，一般不易发生早薹早花，而春性品种只需经过 5～15 天 5～20℃的温度就可以通过春化阶段，所以，春性较强的早熟品种，容易产生早薹早花现象。三是栽培管理不当导致早薹早花。播种过早（9 月初育苗或 9 月中旬直播）、苗床密度过大、化控不到位、苗龄过长、田间肥水管理不均衡，前期生长旺、中期脱肥造成瘦苗弱苗，致使生殖生长提前，形成早薹早花。

（2）早薹早花的预防措施。首先，选择适合本地种植的品种。其次，适时播种、培育壮苗：冬性强、成熟迟的品种可以适当早播；春性强的早熟及早中熟品种适当迟播。

（3）出现早薹早花后的补救措施。①中耕松土：中耕松土可以导致一部分根系，对油菜生长起到一定的抑制作用，从而推迟油菜的生育进程。松土还可以改善土壤透气性能，有利于油菜植株的正常生长。②速施追肥：结合中耕松土，及时施用速效肥，以弥补植株体内的营养不足，延迟油菜营养生长向生殖生长的过渡，防止早薹早花。施肥量视苗情而定，弱苗多施，旺苗少施。③及时摘薹：摘薹可抑制植株的生殖生长速度，对于已出现早薹早花的油菜一般选晴天露水干后进行摘薹，摘去顶部花薹（一般由主花序向下摘去 3～4 个分枝），在寒潮到来时不宜摘薹，以免伤口受冻腐烂和感染病菌。摘薹后，亩施 2～3 千克尿素，以促进伤口愈合，分枝的迅速萌发，弥补摘去花序带来的不良损失。油菜是无限花序，自我调节能力较强，摘薹后只要管理到位，仍可获得高产。④对长势偏旺和有早薹倾向的油菜田，应在 12 月上、中旬，叶面喷施 100～150 毫克/千克多效唑药液，以抑制植株过快生长，促进植株矮壮。

3. 油菜红叶的诊断及防治

油菜在苗期生长过程中，如果遇到外界不良因素的影响，会导致油菜叶片由绿变红，油菜发生红叶后，绿叶面积减少，光合作用效率降低，严重影响产量。因此，必须针对造成红叶不同原因，对症下药，及时采取挽救措施。

（1）苗密红叶。直播油菜，出苗过密，单株营养不良，导致幼苗叶片发红。这时要立即进行间苗，并补施 1 次速效肥料，一般每亩用 500 千克稀薄粪水浇施。

（2）干旱淡红叶。油菜苗期若遇干旱，土壤水分，会使油菜根系吸水吸肥困难，导致油菜生长缓慢，植株矮小，叶色变为淡红色。此时，要及时灌水抗旱，并采取沟灌，切忌大水温灌，否则会引起烂根死苗。

（3）渍害暗红叶。油菜冬前雨水过多时，会成渍水伤根僵苗，叶色变为暗红色，有的导致烂根死苗，对于渍害引起的红叶，要采取深开围沟、主沟和厢沟，降低地下水位，消除渍害。并结合中耕松土通气，促进根系恢复生长。

（4）缺氮黄红叶。油菜苗期如氮素营养不足，则植株矮小，新叶出生慢，叶片小，叶色均匀褪淡或黄红色。一般叶缘发红，中部为黄色，形成黄红色叶。对此，每亩可用 7～8 千克尿素，或用 15～30 千克碳酸铵，或用 700～1 000千克人粪尿对水淋施。也可用 1%～2% 的尿素液进行叶面追肥 2～3 次。

（5）缺磷紫红叶。油菜对磷素反应十分敏感，特别是在苗期更甚。油菜缺磷植株生长慢，叶片小而厚，叶数减少，叶片边缘和叶柄呈紫红色，叶片中部为暗绿色，形成紫红色叶。每亩追施过磷酸钙 25～30 千克，或连续叶面喷施磷酸二氢钾 2～3 次。

（6）缺钾褐红叶。油菜缺钾先从老叶开始，后向心叶发展，最初呈黄色斑，叶尖叶缘逐渐出现焦边和褐红枯斑。叶片变厚、硬、脆，呈明显烫伤状。对此，一般每亩追施氯化钾 8～10 千克或草木灰 70～100 千克，或喷施磷酸二氢钾 2～3 次。

（7）虫害红叶。苗期遭受蚜虫严重危害时，叶片发红，且叶片萎缩发僵。可用 80% 的敌敌畏 50～100 克对水 50～60 千克喷杀。

（8）冻害红叶。油菜冬季遇到突然降温到 0℃ 以下时，会导致叶片受冻发红，可结合中耕培土，每亩撒施草木灰 80～100 千克或火土灰 800～1 000千克，以减轻冻害。

（9）缺硼蓝紫红色。叶缘倒卷，根颈膨大，叶片出现蓝紫斑块。每亩用 50～100 克硼砂对水 50～100 千克喷施。

二、油菜蕾薹期生长发育特点及栽培管理

轻轻拨开主茎顶端 2～3 片心叶能见明显的花蕾时称为现蕾。

油菜在现蕾时或现蕾后主茎节间开始称为抽薹。当主茎高度达 10 厘米时，进入抽薹期。油菜从现蕾到始花这段时间称为蕾薹期。

（一）油菜蕾薹期的生长发育特点

油菜一般先现蕾后抽薹，但有些品种，或在一定栽培条件下，先抽薹后现蕾，或现蕾抽薹同时进行。油菜现蕾抽薹时间是随品种和各地气候条件而有差异，在长江流域，甘蓝型油菜蕾薹期一般为 30 天左右。正常情况下为 2 月上、中旬至 3 月上、中旬。

蕾薹期的长短受多种因素影响，一般早熟品种现蕾和抽薹较早，蕾薹期较长，晚熟品种则相反。早春气温高时（10℃以上），现蕾后迅速抽薹，如低于 10℃，现蕾至抽薹的日数就会拉长。蕾薹期的长短影响到植株个体的发育状况，对产量有较大的影响。蕾薹期短，生长不旺，植株和分枝矮小，限制了生殖器官的增长，影响产量。早熟品种过早播种，现蕾时间提早，会出现早薹早花；而晚熟品种由于现蕾抽薹时间较晚，少有早花现象，但晚熟品种过迟播种，现蕾延迟，蕾薹后期气温较高，蕾薹期缩短，对高产不利。因此，应根据品种特征，适期播种。

冬油菜在现蕾前，花器官分化缓慢。一般气温稳定在 5℃ 以上现蕾，现蕾后即可抽薹，气温 10℃ 以上时则可迅速抽薹，温度高则主茎生长太快，易出现薹茎纤细、中空和弯曲现象。油菜进入蕾薹期后抗寒能力大大减弱，温度低于 0℃ 则易裂薹和死蕾。

蕾薹期是以根、茎、叶生长占优势的营养生长和生殖生长并进的生长阶段，但仍以营养生长为主，生殖生长则由弱变强。表现在主茎伸长、增粗，在蕾薹后期一次分枝开始出现。到初花前，主茎叶片全部出齐。长柄叶的功能逐渐减弱，短柄叶迅速伸展，面积不断扩大功能逐渐增强，成为这一时期的主要功能叶，根系继续扩大，活力增加。花蕾发育长大，花芽分化速度显著加快，至始花期达到最大值，花器数量迅猛增加。油菜早期分化的花芽经过一段时间的分化，在蕾薹期进入雌蕊胚珠分化期，因此，蕾薹期是前期胚珠分化期是决定每果粒数的重要时期。早期形成的花器官，结实率最高，所以，蕾薹期生育器官的发育旺盛与否，与产量有重大关系。

蕾薹期是搭好丰产架子的关键时期要求达到稳长、根强、枝多、薹壮。为后期角果多、粒多、粒重打下坚实的基础。它是油菜一生中生长最快的时期，需从土壤中吸收大量的水和无机养分，是对水和各种养分吸收利用最迅速、最迫切的时期，此期土壤湿度以达到田间最大排水量的80%左右，有利于主茎生长。否则，主茎变乱整叶变小，幼蕾脱落，产量不高。但水分过多，如再加上偏施氮肥，则容易引起徒长、贪青倒伏和招致病害。

（二）油菜蕾薹期的栽培管理

1. 油菜春发稳长

春发稳长就是在秋发、冬发的茂盛上，通过栽培管理使油菜在这一时期获得较多的单株绿叶数，较大的叶面积。春发要稳，防止旺长，以免造成群体过大而不利开花、或根系早衰而导致营养积累不足，以足够的营养积累为开花结角及角果和籽粒的有效发育奠定基础。

蕾薹期通风透光好，且肥水充足时，油菜中下部的腋芽可以育成有效分枝。油菜春发较差，叶面积小，根系发育差，有效分枝少，角果数和每角粒数显著减少，从而严重影响产量。春发过旺，叶片肥大，通风透光不良，茎秆虽然较粗，但很嫩弱，容易倒伏，植株停水量高，耐寒性差，若遇低温冻害严重并且抗病力弱，而且由于生殖生长和营养生长失衡，导致蕾果大量脱落，春发必须做到稳长。春发稳长苗的适宜长相为：抽薹期单株绿叶数在 15 片左右，叶色深绿，叶片挺而不疲，生长稳健，薹茎粗约 1.2 ~ 1.5 厘米，上下粗细均匀，薹色略带红，蜡粉较多，无病虫害。

2. 蕾薹期田间管理措施

这一阶段的主要措施是搞好田间沟系建设，适当施用薹肥，促进根系生长和薹茎、分枝生长。防治病毒病（以防治蚜虫为主）。

（1）清沟排水。此期如果春雨较多，如土壤停水量过高，会造成根部吸收能力下降，进而影响油菜的生长发育，甚至早衰。同时，湿度过大会加重菌核病等病害的发生与危害。

（2）中耕松土。可以促进油菜根系发育，消灭杂草。早春松土宜在油菜封行前进行。

（3）追施蕾薹肥。蕾薹肥的施用应根据菜苗的长势长相而定：蕾薹肥主要弥补冬肥的不足，对发根好，绿叶数多的田块，要促进小苗、弱苗的生长，以求全田生长均衡。对长势差，绿叶数少的田块，用肥要稍重一些，施肥时间要早，起到接力肥的作用。冬发油菜要以稳促发，少施或不施春肥。对营养生长不足的要及时早追薹肥。蕾薹以速效氮肥为主，一般在薹高 6～9 厘米时先中耕松土，每亩施人畜粪肥 150～250 千克，或用尿素 2.5～3 千克对水浇施。油菜一般不提倡春后施肥，以防倒伏及贪青晚熟。

3. 防止油菜早春疯长

油菜疯长的主要特征是：封行早、短柄叶过大且翻转、"平头高度"高过，薹茎易开裂，植株间荫蔽，湿度大。油菜疯长以后，会导致后期营养不足。因此，必须加以控制，防止菜苗过旺，出现疯长。

（1）严格控制春季施肥。

（2）控制叶片数量。主产油菜需要较大群体，亩产 200 千克的田块，早春（2 月中旬）油菜主茎绿叶数达 15 片左右，地面全部覆盖为理想的长相。疯长的油菜单株主茎绿叶达 20 片以上，叶片互相遮盖，叶色绿中带白，株间荫蔽严重。将油菜根部的黄叶和老叶摘掉，可改善通风透光条件，降低荫蔽度，促使油菜健壮生长。

（3）控制生长速度。疯长油菜出叶速度快，叶片大。可每亩用150克多效唑对水50千克喷洒，控制其生长，减慢出叶速度，达到控旺促壮的目的。

4. 防止油菜茎秆开裂

春后肥水过多，猛发疯长的油菜，茎秆里面的细胞分裂快，而茎秆表皮细胞长得较慢，这样往往会将茎秆表皮撑破，导致茎秆开裂，这种不正常的现象大多出现在薹花期。茎秆开裂后，表面的蜡质层、角质层和表皮组织受到破坏，病菌容易侵入，引起病害。开裂的部分，输导系统破坏，阻碍了养分和水分的输送，分枝、蕾花缺乏养分、水分，不孕花增多，蕾果脱落增加，影响产量。为防止油菜产生茎秆开裂现象，春后不宜施用过多氮肥，并要做好开沟排水工作，促使油菜早发稳长，发而不旺。一旦出现茎秆开裂，增施磷钾肥可减轻开裂程度，并要加强防病工作，减少病害蔓延。

（三）油菜蕾薹期病虫害防治

1. 油菜蕾薹期虫害防治

油菜蕾薹期的虫害主要有：蚜虫和潜叶蝇。

（1）蚜虫。抽薹开花期10%的茎枝或花序有蚜虫，平均每个菜薹或花序有蚜虫3～5头，开始用药防治。虫害特征、为害特征及防治办法参见油菜苗期。

（2）潜叶蝇。油菜潜叶蝇以幼虫钻入叶内取食叶肉，并蛀成弯弯曲曲的潜道，叶面呈现白色线状条痕。春季油菜受害较重，常导致叶片早落，影响结荚，降低产量。①形态特征。成虫：雌虫长2.3～2.7毫米，雄虫1.8～2.1毫米，体暗灰色，有稀疏刚毛。翅半透明，有紫色反光。卵为长卵圆形、灰白色，长0.3毫米。幼虫蛆状，长2.9～3.4毫米，初为乳白色，渐转黄色。前端可见黑色口钩，前胸背面和腹末节背面各有一对气门突起，腹末斜行平截，老熟时体长达 3.2 ~ 3.5 毫米。蛹长卵圆形略扁，长 2.1 ~ 2.6 毫米，浅黄色渐转为黄褐、黑褐色。②危害特点。以幼虫在叶片中潜食叶肉，仅留上下表皮的细长隧道，严重时布满叶片呈网状，影响光合作用，甚至全叶枯萎。也可为害嫩枝和角果。③防治方法。一是农业防治。油菜、白菜等寄主作物收获后，及时耕翻，或将残株败叶作饲料或沤肥，以减少虫源。二是点喷诱杀剂。在成虫发生期用甘薯、胡萝卜煮汁（或30%糖液），加入 0.05% 敌百虫，每 3 平方米面积点喷 10 ~ 20 株，3 ~ 5 天喷 1 次，共喷 4 ~ 5 次。三是药剂防治。于成虫盛发期或幼虫初孵期喷药。药剂有：40% 乐果乳油 1 000 倍液，或用 40% 氧化乐果乳油1 000 ~ 2 000倍液，或用 90% 敌百虫晶体。

2. 油菜蕾薹期病害防治

油菜蕾薹期的病害主要有：菌核病和病毒病。

（1）菌核病。生产上菌核病发生的严重程度和流行取决于油菜开花期的降雨量和温度，当旬降雨量超过 50 毫米时，当年菌核病发病重，小于 30 毫米则发病轻，低于 10 毫米难于发病。此外，连作地或施用未充分腐熟有机肥、播种过密、偏施氮肥易发病，地势低洼、排水不良或湿气滞留、植株倒伏、早春寒流侵袭频繁或遭受冻害发病重。①症状识别。油菜的幼苗、茎、叶、花、角果均可被菌核病危害，其中，以油菜茎秆受害后造成的损失最重。a. 叶片：病斑呈圆形或不规则形，中心部灰褐色、黄褐色或暗青色，外缘具黄晕。干燥时病斑破裂穿孔，在潮湿情况下则迅速扩展，湿度大时长出白色棉毛状菌丝，全叶腐烂，病叶易穿孔。b. 茎部：病斑呈梭形，略为凹陷，中部白色，边缘褐色。在潮湿条件下，病斑发展非常迅速，上面长出白色菌丝。于病害晚期，茎髓被蚀空，皮层纵裂，维管束外露，易折断，茎内形成许多黑色粒状菌核。病茎表皮开裂后，露出麻丝状纤维，茎易折断，致病部以上茎枝萎蔫枯死。c. 角果：染病初期呈现水渍状褐色病斑，后变灰白色，种子瘪瘦，无光泽。重病株全株枯死（图3-4）。②防治方法。根据菌核病发生危害特点，应以农业防治和药剂防治相结合进行防控。一是农业措施。实行水旱轮作或油菜与禾本科作物进行两年以上轮作以减少菌源；多雨地区推行窄厢深沟栽培法，春季沥水防渍，雨后及时排水，防止湿气滞留；选用耐病品种；播种前进行种子处理，用10%盐水选种，淘汰浮起来的病种子及小菌核，选好的种子晾干后播种；培育矮壮苗，适时换茬移栽，合理密植；提倡配方施肥，多施用堆肥或腐熟有机肥，避免偏施氮肥，配施磷、钾肥及硼锰等微量元素，防止开花结荚期植株徒长、倒伏或脱肥早衰，及时中耕或清沟培土；在油菜盛花期，摘除植株中下部的黄叶、老叶和全株的病叶，防止病菌蔓延，改善株间通风透光条件，减轻发病。二是药剂防治，在油菜初花、盛花（主茎开花株率95%以上、一次分枝开花株率在50%左右时）和谢花期进行2~3次药剂防治。防治药剂使用菌核净、腐霉利、乙霉威、凯泽等。可每亩用40%菌核净可湿性粉剂100~150克，或用50%腐霉利可湿性粉剂35~50克，50%凯泽水分散粒剂24克，或用50%福·菌核（福美双+菌核净）80~100克等对水喷雾防治。三是生物防治，移栽后结合灌定根水时还可以采用盾壳霉菌进行土壤消毒，消除土壤中的

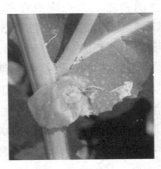

图3-4　油菜菌核病（左为病叶，右为病茎）

菌核，阻断菌核病初侵染源。

（2）病毒病。秋季早播或移栽的油菜、春季迟播的易发病。白菜型油菜、芥菜型油菜较甘蓝型油菜发病重。①症状识别。病毒病症状因油菜类型不同而略有差异。白菜型油菜、芥菜型油菜主要产生沿叶脉两侧褪绿，叶片呈黄绿相间的花叶，明脉或叶脉呈半透明状，严重时叶片皱缩卷曲或畸形，病株明显矮缩，多在抽薹前或抽薹时枯死。染病轻和发病晚的虽能抽薹，但花薹弯曲或矮缩、花荚密、角果瘦瘪、成熟提早。甘蓝型油菜则呈现系统型枯斑，老叶片发病早，症状明显，后波及到新生叶上。初发病时产生针尖大小透明斑，后扩展成近 2～4 毫米黄斑，中心呈黑褐色枯死斑，坏死斑四周油渍状。茎薹上现紫黑色枝形至长条型病斑，具从中下部向分枝和果梗上扩展，后期茎上病斑多纵裂或樱花裂，花、荚果易萎蔫或枯死。角果产生黑色枯死斑点，多畸形。②防治方法。一是农业措施。因地制宜选用抗病毒病的油菜品种；调节播种期，根据当年 9～10 月雨量预报，确定播种期，雨少天旱应适当迟播，多雨年份可适当早播；油菜田尽可能远离十字花科菜地。二是防治蚜虫。苗床四周提倡种植高秆作物，可预防蚜虫迁飞传毒；用银灰色塑料薄膜或普通农膜及窗纱上除上银灰色油漆，平铺畦面四周可避蚜；也可用黄色板诱蚜，每亩安放 6～8 块，利用蚜虫对黄色趋性诱杀之。重点应放在越夏杂草和早播十字花科蔬菜上，防其把病毒传到油菜上。油菜 3～6 叶期及时施药防治蚜虫，可选择喷洒 10% 吡虫啉 1 500 倍，或用 10% 高效灭百可乳油 1 500 倍，或用 2.5% 高效氯氟氰菊酯 1 000 倍，或用 40% 毒死蜱 1 000 倍，或用 20% 丁硫克百威 1 000 倍，或用 25% 噻虫嗪 4 000 倍等。如果温度低于 25℃ 时，使用吡虫啉效果较差。三药剂防治。是发病初期选择喷洒 2% 宁南霉素水剂 500 倍液或亩用 20% 盐酸吗啉胍 200～250 克，20% 吗胍乙酸铜 200～250 克，或用 50% 氯溴异氰尿酸 100～150 克等，隔 10 天 1 次，连续防治 2～3 次。

（四）油菜蕾薹期自然灾害及减灾栽培

油菜蕾薹期遇到的自然灾害主要有冻害、干旱和涝渍。

1. 油菜蕾薹期冻害

油菜现蕾抽薹期，抗寒力最弱，只要温度在零度以下时就会出现冻害。茎薹受冻，初呈现水烫状，嫩薹弯曲下垂，茎部表面破裂。冻害严重时，即使能开花，也会结实不良，出现主花序分段结实现象。除采取苗期冻害预防措施外，还应采取以下措施进行预防和补救。

（1）摘除早薹。油菜蕾薹细嫩多汁，最易受冻。且油菜早薹早花后，消耗大量养分，细胞液浓度下降，抗寒力能力减弱，因此及时摘薹，可减轻冻害程度。摘薹选晴天中午进行，摘薹长度以摘除冬季可能开花的部分为宜。摘薹后，最好追施一次速效氮肥或人畜粪尿，以加速恢复生长，防止冻害。

（2）喷施多效唑。薹高 10 厘米左右时。薹期每亩用多效唑 150 毫克/千克浓度溶液 50 千克，于晴天 16:00～17:00 喷施。

（3）合理施肥。蕾薹受冻的田块，要重施蕾薹肥，每亩追施 5～7 千克尿素，以促进分枝生长。叶片受冻的油菜，要普遍追肥，每亩追施 3～5 千克尿素，长势较差的田块可适当增加用量，使其尽快恢复生长。在追施氮肥的基础上，补施适量钾肥，每亩施氯化钾 3～4 千克或者根外喷施磷酸二氢钾 1～2 千克，以增强植株的抗寒能力，并促灌浆壮籽。另外，每亩叶面喷施 0.1%～0.2% 硼肥溶液 50 千克左右，以促进花芽分化，及早恢复长势，减轻冻害带来的损失。

2. 油菜蕾薹期干旱

油菜蕾薹期受旱，植株生长受到抑制，光合面积小，有机物积累少，开花时间提早结束，花序短且早衰青枯，蕾角脱落增加，角果少，且对以后的种子发育、油分积累不利。

（1）加强农田基本建设。油菜旱害主要从加强农田基础设施建设、沟渠配套等方面，加以有效防治。通过灌排等工程设施的完善与配套，确保遇旱能灌。

（2）农业抗旱措施。油菜蕾薹期受旱后，应及时进行灌溉。

3. 油菜蕾薹期涝渍

油菜春季常由于连阴雨往往伴随低温寡照，直接影响油菜开花授粉，导致早衰减产，病害加重。

（1）选用耐湿性强的品种。在低洼地、地下水位较高以及容易发生渍害的地区，应选择耐湿性较强的油菜品种。

（2）做到沟渠配套。加强农田基础设施建设，做到沟渠配套，确保涝能排、旱能灌。对于排水不良的烂泥田，水稻收获前10天在田四周开沟排水降湿。如果土质黏重，应当提早开沟，并增加沟深。整地时要做到田间沟系配套。

（3）加强排水。雨季到来前，要及时清理沟渠，防止雨后受渍。对于排水沟深度不够或不畅通的，应及时加大沟深、疏通沟系，确保田间排水通畅，降低田间湿度，防治渍害发生。

（4）及时补救。首先，要清沟沥水，降低田间湿度和地下水位；其次，结合中耕增施腐熟的有机肥，以提高土温，土质黏重、湿度大的地块可在畦面上撒施适量的草木灰。最后，应根据病虫害的发生特点，加强病虫害的防治。

三、油菜花期生长发育特点及栽培管理

（一）油菜花期的发育特点

油菜从始花到终花所经历的时段为开花期。油菜花期较长，一般持续25～30天。当全田有25%以上植株主茎花序开始开花为初花期；全田有75%的植株停止开花（花瓣变色，开始枯萎）为终花期。初花期主茎叶片数全部长齐，叶片数达最多。花期的主要功能叶为主茎和分枝上的无柄叶，叶面积在盛花时达到油菜一生的最大值。初花期是油菜营养生长和生殖生长两旺的时期，根系的生长较快。到盛花时，根系的积累总量达到一生的最大值。根群密布于整个耕作层，植株的吸收能力达到最大值，此后，根系活力逐渐下降。至盛花期，根、茎、叶生长基本停止，生殖生长转入主导地位并逐渐占据绝对优势。花序不断伸长，边开花边结果，至终花时停止伸长。此期是决定角果数和每果粒数的重要时期。

　　花期开始的迟早、持续时间的长短因品种、栽培水平及种植地的气候条件而异，早熟品种开花早，花期长，反之则短；气温低时开花进度慢，花期长，气温高时开花快，花期短。

　　油菜的开花顺序是主花序最早开花，然后是一次分枝、二次分枝等。一般上部的一次分枝先开花，接着下部的一次分枝依次开始开花。每一花序的开花顺序是自下而上逐次开放。油菜将要开放的花蕾，通常在头天下午花萼顶端分开，露出黄色花冠，逐渐扩大，第二天 8:00～10:00 花瓣全部展开。开花后 3 天左右，花瓣即凋萎脱落。一天内，油菜开花时间在白天 6:00～19:00 进行，一般集中在上午 7:00～12:00，占当天开花数的 80% 以上，尤以 9:00～11:00 开花最集中，占 50% 左右。油菜开花期持续 1 个月左右。

　　受精后，子房先纵向伸长，到一定程度后再横向膨大。花后 10～15 天不再伸长，到 16～21 天后停止增粗，角果大小基本定型。角果生长的同时，受精胚珠进行幼胚和子叶等组织分化生长，并积累油分等干物质，直至种皮呈现品种固有色泽时为成熟。绿色的角果皮是油菜生育后期重要的光合器官。

　　油菜属于异花和常异花授粉作物，成熟花粉主要靠风力和昆虫传播。开花时，晴朗天气有利于昆虫传粉，可提高结实率。白菜型油菜属典型的异花授粉作物，异交率在 75% 以上，芥菜型和甘蓝型属常异花授粉作物，一般异交率在 10%～30%。由于油菜有一定的异花授粉率，不同品种或与其他十字花科相邻种植时容易"串花"，从而导致生物学混杂。所以，优质油菜应与其他普通油菜隔离种植。

油菜花粉黏附在柱头上，45 分钟左右可萌发，生出花粉管，沿花柱逐渐伸入子房，18 ~ 24 小时完成双受精过程。受精卵经过 4 ~ 5 天的静止期，然后进行细胞分裂，发育成胚。油菜的雌蕊在开花前、后一周内都具有受精能力，一般在开花后 2 天内受精能力最强，开花 4 ~ 5 天后受精能力急降。甘蓝型油菜花粉在室温条件下，其授粉能力保持 3 天左右，在田间条件下一般仅 1 天时间。

油菜花期对外界环境条件的要求：

（1）温度。油菜开花期需要 12℃ ~ 20℃ 的温度，最适温度为 14℃ ~ 18℃，气温在 10℃ 以下，开花数量显著减少，5℃ 以下不开花。0℃ 或 0℃ 以下，易导致花器脱落，产生分段结实现象；高于 30℃ 时虽可开花，却结实不良。每日开花数与开花前一、两天的温度关系很大，与开花当天的温度关系较小。种子发育要求温度在 20℃ 左右。春油菜在 12℃ 以下，冬油菜在 15℃ 以下种子不能顺利成熟。

（2）水、肥。开花期，油菜对水、肥的吸收量均达到最高峰，如果此期营养不足，营养生长和生殖生长均会受到严重影响，造成减产。但如果氮肥过多，水量过大，又会造成营养体生长过剩而徒长，生殖生长受到抑制，导致大量花蕾和花脱落，产量降低。因此，自现蕾到开花期，合理调节水、肥供应，使油菜植株以正常的营养生长促进其旺盛的生殖生长，以达到增花保角，取得高产的目的。油菜花期土壤湿度以田间最大持水量的 85% 对结实最有利。

（3）相对湿度。开花期适宜的相对湿度为 70% ~ 80%，低于 60% 或高于 94% 不利于开花，花期降雨会显著影响开花结实，尤其是 9∶00 ~ 11∶00 降雨对油菜结实影响较大。

（二）油菜花期田间管理措施

1. 油菜花期要求的长势长相

盛花期单株有绿叶数 18～20 片，枝条伸展平行，茎粗 2 厘米以上；单株有效分枝 10 个左右，单株角果数达 300～400 个，结角层厚度 60～70 厘米，植株弯腰不倒脚，不贪青返花，无病虫为害。

2. 田间管理措施

协调营养生长和生殖生长的关系，既要促进营养器官充分生长，根系、茎枝、叶片干重的最大值要高，叶面积指数要大，又要建立合理群体，保证通风透光，为建立良好的结角层结构打基础。这一阶段的栽培措施是搞好清沟排水，适当根外追肥，防止根系早衰，防治油菜菌核病。

（1）巧施花肥。油菜从开花到成熟需要 50～60 天，若后期营养供应不足，会引起花蕾脱落、阴荚、籽粒不饱满；如肥力过高，又会使油菜贪青晚熟，含油率低。一般在初花期对前期用肥量较少，长势不足，有缺肥早衰趋势的田块，采取叶面喷施 2% 尿素 +0.2% 磷酸二氢钾溶液 75 千克。花肥施用宜早不宜迟，以免贪青倒伏，延迟成熟。

（2）抗旱排渍。花角期需水量较大，遇旱应及时灌水，但此时南方油菜区常常雨水较多，造成渍害，使根系生长受阻，引起倒伏，因此，花角期必须注意清沟排渍，保证"三沟"畅通。

（3）摘除老黄叶。有利于通风透光，减少病虫来源。通常选择晴天摘除植株下部的老黄叶片，并带出田外，但不能摘太早或太多，否则影响产量。

（4）病害防治。油菜花角期的主要病害是菌核病、霜霉病。

（5）预防倒伏。油菜临近成熟，植株地上部分重量加大，如遇大风或在灌溉后土壤湿软的条件下容易引起倒伏。一旦倒伏会恶化通风透光条件,造成沤秆、沤花、沤荚,既影响光合产物的合成,又会加重病害程度,且会出现返花,影响后期成熟,影响产量。

(三)油菜花期病虫害防治

1. 油菜花期菌核病

参见油菜蕾薹期菌核病的防治。

2. 油菜花期霜霉病

油菜霜霉病是中国各油菜区重要病害,长江流域、东南沿海受害重。春油菜区发病少且轻。①症状识别(图3-5)。该病主要为害叶、茎和角果,致受害处变黄,长有白色霉状物。花梗染病顶部肿大弯曲,呈"龙头拐"状,花瓣肥厚变绿,不结实,上生白色霜霉状物。叶片染病初现浅绿色小斑点,后扩展为多角形

图 3-5 油菜霜霉病

的黄色斑块,叶背面长出白霉。②防治方法。一是农业措施。因地制宜种植抗病品种,提倡种植甘蓝型油菜或浠水白等抗病的白菜型油菜;提倡与大小麦等禾本科作物进行2年轮作,可大大减

少土壤中卵孢子数量，降低菌源；加强田间管理，做到适期播种，不宜过早；根据土壤肥沃程度和品种特性，确定合理密度；采用配方施肥技术，合理施用氮磷钾肥提高抗病力；雨后及时排水，防止湿气滞留和淹苗。二是种子处理。用种子重量1%的35%瑞毒霉或甲霜灵拌种。三是药剂防治，一般在3月上旬抽薹期，调查病情扩展情况，当病株率达20%以上时，开始喷洒40%霜疫灵可湿性粉剂150~200倍液，或用75%百菌清可湿性粉剂500倍液，或用72.2%普力克水剂600~800倍液，或用64%杀毒矾米可湿性粉剂500倍液，或用36%露克星悬浮剂600~700倍液，或用58%甲霜灵·锰锌可湿性粉剂500倍液，或用70%乙膦·锰锌可湿性粉剂500倍液，或用40%百菌清悬乳剂600倍液，每亩喷兑好的药液60~70千克，隔7~10天1次，连续防治2~3次。在霜霉病、白斑病混发地区，可选用40%霜疫灵可湿性粉剂400倍液加25%多菌灵可湿性粉剂400倍液。在霜霉病、黑斑病混发地区，可选用90%三乙膦酸铝可湿性粉剂400倍液加50%扑海因可湿性粉剂1 000倍液或90%三乙膦酸铝可湿性粉剂400倍液加70%代森锰锌可湿性粉剂500倍液，兼防两病效果优异。对上述杀菌剂产生抗药性的地区可改用72%杜邦克露、或用72%克霜氰、或用72%霜脲锰锌、或用72%霜霸可湿性粉剂600~700倍液。提倡施用69%安克·锰锌可湿性粉剂900~1 000倍液。

（四）油菜的分段结实现象

油菜是无限花序，每株油菜可分化形成几百个甚至上千个花蕾，但结成有效角果的只有300~500个，其他花蕾脱落或形成无效角果，形成分段结实现象。

1. 油菜分段结实的原因

（1）低温寒潮、高温高湿。我国南方各省早春寒潮频繁，常出现0℃以下低温，阴雨连绵，空气湿度大。而油菜在现蕾开花结角期最忌低温寒潮。开花期遇到5℃以下低温时，幼蕾受冻，花蕾脱落，并降低已开放花朵的结籽率。当气温降到0℃以下时，盛开花朵的幼嫩子房易受冻致死，寒潮过后受冻花蕾和幼角即告脱落。当气温高于25℃或相对湿度大于90%时，油菜的花粉生活力弱，传粉受精能力差，结实不良。此外，当温度降到0℃左右时，花粉生活力显著降低，同样产生不结籽或结籽很少的短角。

（2）养分亏缺、营养不良。油菜花期呼吸强度大，尤其在盛花期，需要消耗大量养分。当养分供应不足时容易产生花蕾脱落。氮素过多引起植株生长过旺，油菜体内养分主要供应营养体生长，而花蕾和幼角得不到充足的养料也会引起落蕾落花。油菜花角期的需硼量剧增，硼素有利于油菜开花受精、角果和籽粒发育，缺硼也会造成落花落蕾和花而不实。

（3）栽培管理不适宜。早熟品种的过早引起早薹早花；种植密度过大，病虫害（如病毒病、菌核病、蚜虫等）、土壤水分过多或过少，施肥量过多或偏少，偏施氮肥等，都会使花器脱落和无效角果增多。

2. 油菜落蕾落花和分段结实的预防措施

（1）选用抗寒性较强的品种。根据品种的生育特性，合理安排播种期，使始花期尽可能处于当地适宜的开花期内，以减轻或预防不良气候引起的花蕾大量脱落。

（2）搞好油菜各生育期的栽培管理。培育壮苗，在春后使油菜达到春发稳长的目标。做到合理配方施肥，并重视磷、钾、硼肥的施用，增强植株抗寒能力，协调营养生长与生殖生长的矛盾，减少花蕾脱落。

（3）在0℃以下低温来临前，及时灌水，防止干冻。此外，在寒潮来临前，可抢施稀粪水，以提高土壤水分和养分浓度，使土地不易结冻。

（4）对薹部严重受冻的油菜，选择晴天温度高时摘薹，追施速效氮肥，以促进下部分枝生长，增加角果数，减少产量损失。

四、油菜角果成熟期生长发育特点及栽培管理

（一）油菜角果成熟期的生长发育特点

油菜从终花到成熟的过程称为角果发育成熟期。一般为 25 ~ 30 天。湖南省一般为 4 月上旬至 5 月上旬。此期植株体内大量的营养物质向角果和种子内转移并积累，直到完全成熟为止。此期包括了角果、种子的体积增大，幼胚的发育和油分及其他营养物质的积累过程，是决定粒数、粒重的时期。养分的积累，一部分来自植株（茎秆）积累物质的转移，占种子贮存养分的 40% 左右。另一部分是中、后期油菜叶片和绿色角果皮的光合产物，占 60% 左右，其中，中后期叶片的光合产物约占 20%，绿色角果皮的光合产物占 40% 左右。

角果及种子形成的适宜温度为 20℃，低温则成熟慢，日均温度在 15℃ 以下则中晚熟品种不能正常成熟，过高温则易造成高温逼熟，种子千粒重不高，含油量下降。昼夜温差大和日照充足有利于提高产量和含油量，土壤水分以田间最大持水量的 70% 以上为宜，田间渍水或过于干燥易造成早衰，产量和含油量降低。

油菜的成熟过程，可划分为 3 个时期：①绿熟期。主花序基部的角果由绿色变为黄绿色，种子由灰白色变为淡绿色，分枝花序上的角果仍为绿色，种子仍为灰白色。此期种子含油量只有成熟种子的 70% 左右。②黄熟期。植株大部分叶片枯黄脱落，主花序角果颜色已成正常黄色，种子皮色已呈现出本品种固有的色泽；中上部分枝角果为黄绿色，当全株和全田 70% ~80% 的角果达到淡黄色（即所谓半青半黄）时，即为人工收获适期。③完熟期。大部分角果由黄绿色转变为黄白色，并失去光泽，多数种子呈现出本品种固有色泽，角果容易开裂。如果此期人工收获，易因炸荚造成田间损失。

（二）油菜角果期的主要管理措施

此阶段栽培管理的主要目标是建立油菜合理的结角层群体结构，增加油菜结角层厚度，提高角果皮光合生产力，积累较多的光合产物，提高结实率和千粒重。

主要栽培措施是清沟排水，防止倒伏，防治病害及蚜虫危害，促使油菜不早衰，及时收获，达到高产丰收。

（三）油菜的倒伏及预防

1. 油菜倒伏类型

油菜倒伏一般分为根倒和茎倒两种。

（1）根倒的主要原因：根系发育不良，主根入土浅，须根少；地上部生长过盛，导致头重脚轻；病菌侵染根部，引起根腐烂。

（2）茎倒有两种：一是风倒，二是病倒。

2. 油菜倒伏原因

倒伏与株高、株型以及茎秆的机械强度密切相关、茎秆的机械强度与其形态、解剖结构和化学成分有关。此外，油菜倒伏与措施密切相关。

（1）品种特性。多数油菜品种均有一定的抗倒伏能力，但由于产量水平的不断提高，许多品种的抗倒伏能力已无法满足生产的要求。品种间抗倒能力差异很大，目前部分品种的抗倒能力较强，如华杂系列、中双 11 号等。

（2）株型结构。油菜的上部分枝较短，但经济系数高，下部的分枝长而粗，但经济系数很低。据冷锁虎等研究油菜的角果数有 85% ~ 90% 分布在对角层上部的 10 ~ 60 厘米，从抗倒伏的观点看，结角层模式呈梭形的油菜有利于抗倒伏。株高适中、分枝点高/株高比例适中、重心高度/株高较小、分枝数适中、株型紧

凑型的品种是的高产抗倒株型。

（3）栽培水平。油菜倒伏除与品种因素相关外，在很大程度上与栽培水平有关。如直播密度过大或移栽密度过小；施 N 水平过高；田间渍水；土壤板结；苗床期的高脚苗、曲颈苗；整地及移栽方法粗放等。

（4）病虫危害。如菌核病危害油菜茎秆，造成其髓部中空、折断而倒伏。

3. 油菜倒伏的预防措施

（1）选用根系发达、茎秆坚硬、株形紧凑、耐肥、抗逆性强、适宜当地种植的优质杂交品种。

（2）适时播种，提高秧苗素质。及时间、定苗，控制高脚苗、曲根苗的发生。

（3）合理密植。根据品种特性、播期、土壤肥力、施肥水平、栽培方法等因素，确定合理的播种密度。移栽田不宜栽植过稀，直播田不宜过密。

（4）平衡施肥。科学运筹肥水，以有机肥为主，配合施用化肥，重施磷、钾肥，控制氮肥的使用。施足基肥，早施苗肥，重施腊肥，看苗施用薹肥，巧施花肥，必施硼肥。

（5）化学防控。对肥力足、长势旺的田块，在控制好肥水的同时，可亩用15%多效唑50克对水50千克喷于叶面上，控制前期抽薹速率，降低有效分枝节位高度。在苗床三叶期、直播田6～7片真叶时喷洒100毫克/千克浓度多效唑，控制高脚苗和缩茎段的延伸，增强抗倒伏和抗寒能力。

（6）培土壅根，清沟沥水。栽培技术措施得当，增强植株抗倒伏能力。如合理密植、适当深栽、清沟排水、培土壅根等。

（7）发生倒伏后，应在风雨过后及时扶正，培土踩紧。此外，在田边打桩拉索，对防止倒伏也有一定的效果。

五、油菜田主要杂草及化学除草技术

油菜是我国重要的油料作物，也是重要的饲料原料作物。按栽培制度划分，油菜种植区可分为冬油菜产区与春油菜产区。这里主要介绍冬油菜产区的杂草防。

（一）杂草种类

杂草主要分为禾本科杂草和阔叶类杂草两大类。冬油菜田禾本科杂草主要有看麦娘、日本看麦娘、棒头草、早熟禾、硬草等，阔叶类杂草主要有碎米荠、繁缕、猪殃殃、黄鹌菜、稻槎菜和扬子毛茛等。

1. 看麦娘

看麦娘，禾本科看麦娘属。越年生或一年生草本植物。当年11月或翌年2月为苗期，其中，11月为第一出苗高峰。花果期在4~5月。子实成熟后即脱落，带稃颖漂浮水面传播。适生于潮湿土壤，在干燥环境中其子实生命力降低，甚至丧失。为稻茬麦、油菜田危害最为严重的杂草。

2. 日本看麦娘

日本看麦娘，禾本科看麦娘属。越年生或一年生草本植物。秋冬季出苗或延至翌年春季，花果期4~6月。子实随熟随落，带稃颖果常可漂浮于水面，随水流传播。与看麦娘相比，日本看麦娘竞争力更强。目前，四川很多地区日本看麦娘对精喹禾灵、高效吡氟禾草灵等药剂表现出明显耐药性。

3. 棒头草

棒头草，禾本科棒头草属。越年生或一年生草本植物。秋冬季出苗或延至翌年春季，花果期4~6月。其种子在田间土壤中湿度很大时利于解除休眠，因而水稻后茬比旱作后茬发生量大，我国南北方各地均有，以南方地区发生量大，危害严重。部分地区对精喹禾灵、高效吡氟禾草灵亦表现出明显耐药性。

4. 早熟禾

早熟禾，禾本科早熟禾属。越年生或一年生草本植物。主要在秋冬出苗，部分地区或延至春季，花果期4~6月。为夏熟作物田及蔬菜田杂草，属世界广布性杂草，全国大部分地区均有。

5. 碎米荠

碎米荠，十字花科碎米荠属。越年生草本植物。冬季出苗，春季开花，花期2~4月，果期4~6月。种子繁殖。为夏熟作物田杂草，长江流域地区局部油菜田发生和危害较重，常和弯曲碎米荠混生危害。

6. 繁缕

繁缕，石竹科繁缕属。一年生或二年生草本植物。苗期11月至翌年2月；花期3~5月，果期4~6月。种子繁殖。果实成熟后即开裂，种子散落土壤。植株常比作物早枯。为夏熟作物田主要杂草，常于作物生长的前、中期造成危害。多见于旱性麦田或油菜田。在村旁路边亦是常见的早春杂草，也是一种伴人杂草。

7. 猪殃殃

猪殃殃，茜草科拉拉藤属。同属多个近似种夏熟作物田危害，但近年在秋熟旱作物地亦有发生，山坡地危害重于平原地区。除直接和作物竞争光热肥水及生长空间外，还攀缘作物引起倒伏，造成较大减产并影响收割，果实落于土壤或随收获的作物种子传播。

8. 黄鹌菜

黄鹌菜，菊科黄鹌菜属，同属分布较广的还有异叶黄鹌菜，多分布于田边、路旁。近年在蔬菜田及油菜田发生有上升趋势。

种子随风或水流传播，扩散较快。

9. 稻槎菜

稻槎菜，菊科稻槎菜属。越年生或一年生草本植物。常发于水稻后茬旱作田。秋冬出苗，花果期翌年 4～5 月。瘦果无冠毛，随熟随落，主要分布于长江流域及以南，在部分油菜田发生量大，危害重。

10. 扬子毛茛

扬子毛茛，毛茛科茛属。多年生草本植物，以种子和匍匐茎繁殖。近年在长江流域油菜田发生量上升，并且成为油菜田难防除的恶性杂草之一。在低湿田块发生较多，主要分布于甘肃、陕西及南方。

（二）冬油菜田杂草的综合防治

近些年来，对于冬油菜田杂草的防除基本上都是以施用化学除草剂为主，由于不正确的使用对农田生态环境造成了一些不必要负面效应。其实，结合农业栽培、化学除草及人工除草，采取综合治理措施，才能达到安全、有效、经济地控制草害的目的。

1. 实行水旱轮作、稻油与稻麦调茬和交叉使用化学除草剂

在耕作模式上可以采取水旱轮作，如采取"水稻－油菜/大豆/油菜－水稻－小麦－水稻－油菜"的茬口安排，这样可以交叉使用防除阔叶杂草的除草剂，压低越年生阔叶杂草的田间密度。如头年阔叶杂草重发的油菜田，第二年转茬种植冬小麦，使用氯氟吡氧乙酸（氟草烟）、苯磺隆、吡草醚、唑草酮（唑酮草酯）等防除繁缕、牛繁缕、猪殃殃、婆婆纳等杂草，可有效压低第三年冬油菜田中的阔叶杂草密度；同时在冬油菜田中使用高效吡氟禾草灵、精喹禾灵、烯草酮等，也能大大降低次年小麦田中看麦娘等禾本科杂草的种源。实际应用表明，采取这样水旱轮作、倒茬、交叉使用除草剂的措施这后，看麦娘与猪殃殃的各群

密度可以下降 80% ~90% 同时还能达到调整地力、改良土壤、促进增产的目的。

2. 结合农事作业，人工除草

冬油菜进入越冬期之后，一般都要进行追肥或培土作业，对阔叶杂草为主的田块，可随手拔除个体较大的杂草。

3. 根据草情，及时用药化除

油菜田的杂草发生高峰主要在冬前，一般在 10 ~ 11 月间。由于此时油菜苗较小，草害常造成瘦苗、弱苗和高脚苗，对油菜生长和产量影响较大。

草害比较轻的地块，可以采用氟乐灵、二甲戊灵、乙草胺等进行播前或播后苗前土壤处理。草害比较重的地块，在采取土壤处理的基础上，继续采用茎叶处理。尤其恶性杂草或抗药性杂草较多的田块，要换用除草机理不同的除草剂，或者在施药时增加有增效作用的展着剂、助渗剂或其他化工助剂。对于已经在当地表现出耐药性的药剂，不要因为习惯或便宜而继续使用。

油菜田杂草防除的主要药剂有以下配方，可以根据当地具体情况进行化学防除技术：

配方 1. 亩用 900 克/升乙草胺乳油 80 ~ 100 毫升；

配方 2. 亩用 480 克/升甲草胺乳油 150 ~ 200 毫升；

配方 3. 亩用 50% 敌草胺可湿性粉剂 100 ~ 200 毫升；

配方 4. 亩用 90% 高杀草丹乳油 110 ~ 140 毫升；

配方 5. 亩用 50% 杀草丹乳油 150 毫升 + 25% 绿麦隆可湿性粉剂 150 克；

配方 6. 亩用 960 克/升精异丙甲草胺乳油 45 ~ 60 毫升；

配方 7. 亩用 12.5% 恶草酮乳油 100 ~ 125 毫升；

配方 8. 亩用 24% 乙氧氟草醚乳油 36 ~ 620 毫升；

配方 9. 亩用 108 克/升高效氟吡甲禾灵乳油 25 ~ 30 毫升；

配方 10. 亩用 5% 精喹禾灵 75 毫升；

配方 11. 亩用 240 克/升稀草酮乳油 20～30 毫升；

配方 12. 亩用 15% 精吡氟禾草灵乳油 40～140 毫升；

配方 13. 亩用 500 克/升草除灵悬浮剂 30 毫升；

配方 14. 亩用 75% 二氯吡啶酸可溶性粒剂 8～10 克；

配方 15. 亩用 10% 丙酯草醚乳油 40～50 毫升；

配方 16. 亩用 41% 草甘膦异丙胺盐水剂 50～100 毫升 +90% 乙草胺乳油 100 毫升。

4. 油菜田化学防除技术

（1）直播油菜田杂草防除。直播油菜田于播后苗前用药，注意药剂不能直接接触到油菜种子；配方 1～5 可用于油菜直播田。配方 1～4 于播后苗前用药。配方 3 亦可迟至油菜 3～4 叶期时施用。施药时根据当时油菜田间的土壤湿润状况适当调节用水量，每亩对水 30～50 千克，均匀喷雾，以地表湿润为宜。

（2）移栽油菜田杂草的防除。移栽油菜重点在移栽前用药。上述 16 个用药配方均可选用，配方 1～8 一般适宜油菜地整地后，移栽前用药。配方 16 只能用于免耕油菜田，对水 40 千克在油菜移栽前 7～10 天进行土壤喷雾处理。

（3）禾本科杂草防除。选用配方 9～12，在杂草 3～5 叶期时，根据当时田间的杂草密度，采用亩对水 30～40 千克喷雾，对于常年采用茎叶喷雾方法防除禾本科杂草效果明显下降或早熟禾较多的田块，需选用配方 11。

（4）阔叶杂草防除：选用配方 13～15，其中配方 13、15 建议只用于甘蓝型油菜，对白菜型油菜和芥菜型油菜容易产生药害。配方 15 能防除子叶期扬子毛茛，配方 14 对菊科、豆科、伞形花科的杂草防治效果好。油菜生产期施用除草剂时，一定要注意在施药时做到用量准确、均匀、周全，且喷药时不要重复，切忌配药时过量用药以免对油菜植株产生药害。

模块四　油菜规模生产收获
贮藏与秸秆还田

一、油菜规模生产的收获

（一）　油菜适时收获的意义

油菜籽具有角果成熟参差不齐的特性，这一特性给油菜的收获也带来了困难。油菜的花序为无限花序，边生长边开花。主茎花轴开花最早，接着是各级分枝开花，开花次序均为由下而上。开花持续时间长，一株油菜花期先后达 20 天，群体花期达 30 ~ 40 天。同一田块中的油菜由于开花时间早晚不同，角果的发育程度不同，在不同时期收获对油菜产量、含油量以及品质的影响也不相同，正确的采收和贮存是油菜籽生产获得利润的最后一步。因此，科学地确定油菜籽的适宜收获时期是丰产增收的关键。

不适时的收割、不正确的收割方法和处理、不适当的贮存等都会造成种子数量和质量的下降，从而影响产值。如果收获过早，籽粒不饱满（尤其是上部角果的籽粒），油脂转化过程没有完成，产量、含油量、品质均有下降。但收割过迟，部分角果会因过熟而无明角落粒，且粒重和含油量均有所下降，造成减产。西北春油菜区有些产地的芥菜型油菜，成熟后长期留置田间，手摇植株可以听到种子响声，如此迟期收获，产量损失可在 20% 以上。据研究，常规甘蓝型油菜提早 4 天收获比适期收获的减产16.41%，而且千粒重低 0.035 克，含油量降低 3.5% 左右；秦油2 号推迟 3 天收获，其每亩产量比适时收获的减产 10% ~ 12.5%，迟收 7 天则减产 15.1% ~16.2%，因此，适时收获既能实现油菜的丰产增收，也可改善菜籽品质。

（二）油菜适时收获的标准与时间

油菜适宜收获期较短，在收获季节阴雨频繁的地区和年份，更要掌握好时机，抓紧晴天抢收。油菜的适宜收获时期因品种、种植密度、空气湿度和栽培条件而异。

1. 适宜收获的生物学特征

一般是在油菜终花后 25 ~30 天。油菜终花为全田只有 10% 植株有花。油菜终花后 25 ~30 天，油菜已八成熟，这时大田植株约 2/3 的角果呈现黄绿色至淡黄色，主花序基部角果开始出现枇杷黄色；分枝上尚有 1/3 的黄绿色角果，并富有光泽，只有分枝上部尚有部分绿色角果，故称"半青半黄"期；大多数角果内种皮已由淡绿色转现黄白色，颗粒肥大饱满，种子表现本品种固有光泽；主茎和分枝叶片几乎全部干枯脱落，茎秆也变为黄色。此时种子平均水分含量为 30% ~35%，种子的重量和油分的含量接近最高值，是实现油菜种子最佳产量和质量的适宜割晒时间。

种子色泽的变化也可以作为适宜收获的尺度。即摘取主轴中部和上中部一次分枝的中部角果共 10 个，剥开观察籽粒色泽，若褐色粒、半褐色半红色粒各半，则为适宜的收获期。由于种植密度不同，分枝数量多少也不相同。在确定油菜的适宜收获期时，各部位摘取角果数的比例也不应相同。密度为每亩 1 万株时，主轴、上中部分枝的角果比例为 3：3：4；若密度为 1.5 万 ~2 万株时，摘取角果的比例应为 4：4：2；当超过 2.5 万株以上时，其比例为 5：4：1。实践证明，采用这种不同比例的取角方法，具有一定的准确性。

一般株型高大、分枝多、特别是二次分枝多的品种，全株上下角果籽粒成熟相隔时间较大，有的品种从主序角果成熟到中下部二次分枝角果成熟时间相差 12～15 天；植株紧凑、分枝较少的品种，全株上下角果成熟相间也不过 6～8 天。种植密度较大的，由于单株分枝少，主花序角果占的比重较大，分枝角果占的比重小，所以全株上下角果成熟期相间时间短。一般密度在每亩 2 万株的情况下，其相间时间为 5～6 天。空气湿度大的地区，全株上下角果成熟相间时间较长，一般相间 7～9 天。丘陵瘠薄地区种植的油菜植株上下部角果的成熟期相间时间一般为 4～5 天，密度较大的只有 3～4 天。

为了防止收获过时裂角落粒，收获时期注意做到晴天早晨割、傍晚割、带露水割。阴天全天割，避免在高温（30℃）的干燥天气下割晒，否则不利于油菜后熟，从而导致绿色不成熟种子的比例增加。因此，油菜产区有"八成黄、十成收，十成黄，两成丢"、"角果枇杷黄，收割正相当"、"上白中黄下绿，收割不能过午"等说法。这些农谚都说明掌握好收获时间，有利于减少菜籽脱落的产量损失。

2. 不同油菜产区的收获时间范围

中国各地油菜的成熟收获时间，由于气候条件及品种类型不同而有较大的差异。

（1）冬油菜。海南岛至昆明、桂林、福州等地，11 月下旬至 12 月初播种的白菜型油菜，翌年 3 月即可收获。长江中下游白菜型油菜在 4 月下旬至 5 月初收获，甘蓝型油菜在 5 月上中旬收获。长江下游地区受海洋气候影响，气温变幅小，收获期较长江中下游迟 10～15 天。关中、黄淮流域甘蓝型冬油菜越冬期长，翌年 5 月下旬收获。而渭北、晋冀平原地区的白菜型冬油菜较多，一般 8 月下旬播种，翌年 6 月上旬成熟收获。

（2）春油菜。春播油菜最早可在 7 月收获，多在 8 月中下旬至 9 月上旬收获。夏播油菜在 9 月中下旬到 10 月上旬收获。

机械收获时期较手工收割时间稍晚，以油菜成熟率达 80%～90% 最合适，此时为完熟期前期 3～4 天，大部分叶片干枯脱落，主轴角果呈半枯黄色，在油菜植株上部果荚能用手指捏开，油菜籽呈品种固有颜色。

（三）油菜的人工收获

油菜人工收割有两种方式：手拔或刀割。拔收的方式有利于种子的后熟，增进籽粒饱满度，提高含油率。尤其在后作季节紧迫的情况下，拔收可以提早 2～3 天，拔收比较费工，干燥慢，且根系带有泥土，脱粒时稍不注意会影响种子净度。生产上一般多采用割收，割收比拔收省工省时，种子净度高，但后熟作用比拔收差，且收割的时候较多的菌核会随残茬留入田中。

油菜比较容易炸荚落粒，最好利用空气湿度较高，角果潮湿，不易的爆裂的有利时机进行收割，一般早晨、傍晚或阴天收割比较合适，并做到轻割、轻放、轻捆、轻运，以减少落粒损失。

油菜收割后可就地摊晒 5～7 天，抢晴天脱粒。油菜脱粒可采用油布、彩条布等，用人工踩、打的方式，脱粒后，筛去果壳和杂质，运回晒坪摊晒。一般油菜收割后，为了抢季节播种下季作物，采用先堆垛、后摊晒脱粒的办法。堆垛可以促进油菜的后熟作用，提高种子品质，且脱粒时角果皮容易开裂，堆垛时要将茎秆稍微晾干，角果朝内茎秆朝外起堆，堆底要注意防水，堆积的时间不宜过长，一般 4～5 天，最多不超过 7～8 天，堆垛后要经常检查堆内温度，防止高温引起油分变质。当角果和茎秆出现黑霉斑点、角壳松散，就应及时摊晒脱粒。

（四）油菜规模生产的机械收获

机械收获油菜可节省用工，降低劳动强度。目前，我国油菜收获机械技术还处于示范应用阶段，主要机械收获方式有两种。

1. 分段收获

在油菜黄熟前期，用人工或割晒机将油菜割倒、铺放田间，割茬 25～30 厘米，铺晒厚度 8～10 厘米。经 5～7 天晾晒后，当籽粒含水量下降到 14% 以下时，再用联合收割机或脱粒机拣拾、脱粒、秸秆还田。作业技术线路为：机组准备→切割→铺放→自然晾晒→捡拾脱粒→清选→菜籽收集。

这种方式收获期较长，机械作业成本高，但能提高油菜品质降低水分，增加产量。分段收割比较适用于生长繁茂，分枝较多及角果成熟度不一致的田块。捡拾脱粒应选择早晚或夜间内干外潮时进行，以减轻果角损失。

2. 联合收获

采用悬挂式和自走式两种联合收割机直接在田间一次完成油菜收割、脱粒、清洁、籽粒收割、装袋等工序，工效高，作业成本低，可避开阴雨灾害，油菜适当晚收有利油菜后熟。以前主要利用稻麦联合收割机稍加结构改进和调整进行油菜收获，但收获损失率较大，一般为 15%～20%。近年来，我国开始研制专用油菜收获机械并取得良好进展。如湖南农业大学研制的碧浪 4YC－1.0 型油菜联合收割机，机具割幅宽度 1.6 米，总损失率低于 8%，含杂率低于 5%，每小时能收获油菜 5～6 亩。此外，还可选用的机型有久保田全喂入 688 型、湖州碧浪 200Y 型、星光至尊 4LL－2.0D 型、上海向明 200 型等。收割前安装油菜专用割台、专用凹板筛和双层可调清选筛，调整工作参数。

（1）机械行走方法。一般采用向心回转法。根据油菜生长密度和高度，作业速度控制在低速 3 档至高速 1 档，中大油门匀速直线前进。割茬高度控制在 15～20 厘米。由于油菜秸秆粗大，含水率高，油菜叶、油菜籽、油菜荚壳和秸秆屑，很容易黏结和堵塞清选筛面，作业中，机手还必须经常检查筛面是否堆积物过多，筛孔是否堵塞，否则，必须停机清理后方可作业。

（2）机械化收获的作业质量要求。损失率：≤8%；破碎率≤0.5%；含杂率≤5%；可靠性有效度≥95%。

（3）联合收获技术要领：①熟悉油菜田块地形，注意机具下田、过沟、过坎、行走安全。②按机械操作要求，作好机具的保养、调度工作。联合收割机在收割油菜前，要更换凹型网筛，在割台左侧装上平板式分禾板和立式切割装置。③掌握好油菜收割的成熟度，在成熟度为90%左右时，收割效果最佳。④联合收割机在收割油菜时，要适当清选风扇的风速调低，防止吹走籽粒，脱粒滚筒与凹板之间的间隙要适当调小。⑤按逆时针回旋方向进行收割；遇到油菜稍倒伏时，最好逆倒伏方向收割，以免增加油菜籽的损失。

选用适合机械收割的优质油菜品种，分枝部位较高，角果层集中，成熟期较一致，茎秆坚硬抗倒，角果不易炸裂。并采用直播方式种植、适当增加密度。

（五）油菜收获期阴雨天气的应对措施

1. 收获期阴雨对油菜的危害

油菜收获期如遇连续阴雨，油菜籽粒轻者发霉，重者则会发芽，甚至腐烂，严重影响油菜产量和品质。

收获期阴雨对产量的危害具体表现在：①成熟期遇长期阴雨会影响光合作用，特别是由于光照不足，使中下层角果皮的光合作用效能降低，光合产物减少，引起中下部籽粒不饱满，产量下降。②阴雨低温使油菜转色困难，收获时间推迟，影响下茬作物的播种。③在依靠机械收割的地区，长期阴雨使田土松软，植株倒伏，机械无法下田收获。④收割后的生熟期遇长期阴雨，油菜籽会发生霉变和发芽，这一过程会消耗大量的储藏物质，使含油量下降，油的质量也会受到很大的影响。如霉变严重，油菜籽会丧失其加工利用的价值。

2. 收获期阴雨的程度分级

1级可能导致减产10%以下，2级可能减产10%~30%，3级可能减产30%~80%，4级可能减产80%以上（表4-1）。

表 4 - 1   收获期阴雨对油菜影响程度分级标准

分级	表现症状
1	1. 油菜进入黄熟期后遇 5 ~ 7 天的连续阴雨，田间油菜不能正常转色，收获期推迟，雨后天晴，温度迅速长高，少部分角果易开裂。 2. 割倒堆放在田间（或晒场）后熟的油菜遇连续 3 ~ 4 天阴雨（从割第 2 天算起，下同），油菜下层接触地面部分角果内的籽粒会发芽或霉变，上、中层完好。
2	1. 油菜进入黄熟期后遇 8 ~ 10 天的连续阴雨，田间油菜非正常转色，收获期推迟，雨后天晴，温度迅速升高，部分角果开裂。 2. 割倒堆放在田间（或晒场）后熟的油菜遇连续 5 ~ 6 天阴雨，油菜下层接触地面部分角果内的籽粒会脱落至地面并发芽，中层茎枝和角果皮部分发黑霉变，上层基本完好。
3	1. 油菜进入黄熟期后遇 11 ~ 14 天连续阴雨，田间油菜非正常转色，中下层部分茎枝和角果皮发黑霉变，少量菜籽发芽，收获期严重延迟，雨后天晴，温度迅速升高，收获时 1/2 角果开裂。 2. 割倒堆放在田间（或晒场）后熟的油菜遇连续 7 天阴雨，油菜中、下层角果内的籽粒会脱落至地面并腐烂，上层茎枝和角果皮发黑霉变。
4	1. 油菜进入黄熟期后遇 15 天以上的连续阴雨，田间油菜非正常转色，大部分茎枝和角果发黑霉变，部分茎秆腐烂，1/2 菜籽发芽，收获期严重延迟，雨后天晴，温度迅速升高，收获时大部分角果开裂，几乎不能收割。 2. 割倒堆放在田间（或晒场）后熟的油菜遇连续 7 天以上阴雨，油菜角果一半以上开裂，籽粒脱落腐烂，全部茎枝和角果皮都发黑霉变，几乎丧失加工价值。

3. 收获期阴雨的预防和抗灾技术措施

油菜收获期应密切关注天气预报，应赶在阴雨前 5 ~ 7 天抢收抢割，以保证阴雨前有 1 ~ 2 天晾晒油菜。如果在黄熟初期有阴雨，应避开阴雨天，待阴雨过后及时收获。如间断阴雨，则需根据具体情况灵活掌握收获时间。在机收区，如遇 7 天左右的连续阴雨，应考虑放弃机收，改人工收割。

油菜收割后如预报有连阴雨，需选择晒场较高的干燥处堆积，如场地平整，则应在堆垛的四周开挖排水沟，防止积水引起垛底腐烂发热，堆垛的顶上应采取塑料布防雨，并适当开孔排气放热。堆垛后熟时间一般 3 ~ 5 天，时间不能过长，后熟作用完成后，应及时抢晴天拆垛摊晒，碾打脱粒。田间就地晾晒的油菜，应只割有角果的部分小把捆扎，置于油菜茎秆上面，不要与地面接触，可减少阴雨带来的影响。田间就地晾晒的时间 3 ~ 4 天，阴雨低温下最长保持 7 天，角果干枯变白，应及时脱粒。

二、油菜秸秆综合利用

油菜收获后，秸秆中仍贮存着大量光合作用产物和矿质养分。秸秆还田不仅可增加土壤养分，提高土壤调节水、肥、气、热的能力，还可以消除因传统的焚烧秸秆给环境造成的严重污染。为了引导广大群众利用好油菜秸秆，现将油菜秸秆还田及综合利用技术介绍如下。

1. 机械粉碎还田

油菜是质量较高的绿肥作物，新鲜的油菜秸秆含氮 0.46%、五氧化二磷 0.12%、氧化钾 0.35%，风干后的油菜秸秆含氮 2.52%、五氧化二磷 1.53%、氧化钾 2.57%。

（1）翻耕还田。应用秸秆还田机将作物秸秆打碎，秸秆粉碎的长度应小于 3 厘米，并且要撒匀。将要处理的油菜秸秆机械粉碎后平铺田里，按每亩撒入腐秆剂 2 千克、尿素 2 ~ 8 千克或者碳酸氢铵 20 千克，灌水泡田 5 ~ 7 天，达到软化油菜秸秆的目的。对还田的地块一定要用旋耕机作业一遍，使秸秆和土壤充分混合拌匀。有条件的地方，还要用铧式犁将秸秆连同化肥、农家肥翻入 15 厘米以下的土壤内以利后茬作物的种植。机械粉碎还田同时也是培肥地力、增加农田后劲、改善土壤结构的一项重要技术及经济措施。

（2）覆盖还田。将油菜秸秆切短后铺盖于桑园、果园、茶园、玉米、瓜菜等行间，既将有机质归还土壤，又起到保墒、增（降）温、提高化除效果等作用。

2. 快速堆腐沤肥

该技术是利用"秸秆腐熟剂"将油菜秸秆快速腐熟后再还田。每 1 000 千克油菜秸秆用腐秆剂 2 千克、人畜粪 100 ~ 200 千克（可用尿素 6 ~ 8 千克或碳酸氢铵 20 千克代替）。将要处理的油菜秸秆垫上一层薄膜，分层码上，层高 30 厘米，在每层上喷施拌匀的腐秆剂、人畜粪（尿素或碳酸氢铵），喷（撒）施后再加盖细泥压实。这样重复码放 2 ~ 3 层，堆高 60 ~ 90 厘米，长 2 米，宽 1 米，再盖土覆黑色塑料薄膜。堆沤湿度以 60% 左右为准（混合物捏之手湿并见水挤出为适度），秸秆过干要先浸湿。堆沤时混入 5% ~ 10% 的生泥，效果更佳。堆沤期间翻堆 1 ~ 2 次（如发现水分不足，应加水调节），可加速腐熟，施用过程中保持温度 20 ~ 50℃。

鼓励适度集中堆放沤肥，每亩地留至少 0.02 亩空地，用机械粉碎或直接集中堆集沤肥（每亩秸秆可加入腐熟剂 3 千克促进腐熟）；积极示范建立村级集中收贮点处理。

3. 秸秆作基料

秸秆是食用菌栽培的基础材料。一般秸秆粉碎后可占食用菌栽培料的 75% ~ 85%。秸秆袋料栽培食用菌，是目前利用秸秆生产平菇、香菇、金针菇、鸡腿菇的常用方法，具有投资省、见效快，能大量处理秸秆的技术措施，深受农民欢迎。一袋食用菌需秸秆粉 0.9 ~ 1.2 千克，年生产 1 万袋食用菌就可处理秸秆 900 ~ 1 200 千克。

4. 其他处理方式

一是引导企业建立秸秆有机肥商业生产，收购秸秆变废为宝；二是研究示范秸秆的其他综合利用方式，如秸秆生产食用菌、秸秆沼气集中供气，秸秆编织，对秸秆青贮做饲料；三是政府引导疏散，示范采用秸秆捡拾机捡拾打捆，向秸秆发电及其他综合利用大企业输送。

三、油菜收获后的处理与贮藏

（一）油菜籽烘干处理

1. 烘干方式

油菜烘干就是降低菜籽中的含水量。烘干过程就是为菜籽中的水分汽化创造条件和汽化的过程，利用空气、加热空气、烟道气与空气的混合气等干燥介质，以对流方式将热量传递给菜籽，使其升温，促进水分汽化，将这部份水分带走。

目前，广泛采用的干燥方式是加热干燥，通常有预热、水分汽化、缓苏和冷却4个过程。

按介质温度和干燥速度分类，有低温慢速通风干燥和高温快速干燥。按菜籽运动状态分类，有固定床、移动床、流化床、沸腾床、喷动床等5种干燥机。

2. 油菜籽烘干机械化的技术要领

（1）使用的电源电压应在允许范围内。

（2）使用燃油设备，在起动燃烧器前先检查燃油箱是否有油，油路有否漏洞（主要检查过滤网、油管、燃烧器等）。所用燃油料必须符合设备要求，当燃烧器工作时，勿给油箱加油。

（3）起动干燥机后，先检查空运转声音是否正常（提升机、送风机、上下部搅龙等处）。干燥工作时要检查燃烧是否正常，有无异味。

（4）干燥不同品种的油菜籽更替时，要将残留在设备内的油菜籽清扫干净，防止混淆。

（5）做好机具设施的维护，机具有许多电器件、运动件，要定期做好维护与保养工作，配备必要的安全防护设备。

（6）定期清扫干燥机的干燥网板，不让网板小孔堵塞，以免

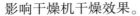

影响干燥机干燥效果。

（7）检查、清扫干燥机时，应先切断电源，避免发生人身安全事故。

（8）干燥机的操作人员需经专门培训、专人负责。按照操作规程使用干燥机。

（9）油菜籽产地干燥点的经营规模要与当地实际需求相适应，选用的机型要适合干燥的油菜籽种类，设点位置要便于运输，尤其要考虑雨天运输的方便。

（10）干燥机一般安装在室内，要通风良好并有足够的作业场地，保证阴雨天，夜间都能正常作业；机体庞大无法在室内安装的机型（如塔式干燥机）也应尽量选择在通风良好，比较干燥的场所。

（二）阴雨天气油菜籽脱粒后的应对措施

菜籽脱粒后未晒干前如遇阴雨，种子含水量可达 20% 以上，如果被雨水浸透，含水量可达到 50%，此时就尽快采取措施，防止种子发芽变质。主要措施如下。

1. 室内摊晾

对含水量高的菜籽，切忌堆置或放入箩筐、麻袋，一夜间，内部温度会长高 10℃ 以上，籽粒会快速霉烂。在阴雨天，应利用敞棚或室内一切空闲地面将油菜籽摊开，并使室内空气流通，降低湿度，防止油菜发热霉变，有条件的可利用鼓风机吹风，减少菜籽水分，天晴后再移现室外晒干。

2. 密封绝氧保存

对于含水量高且无法晾晒的商品菜籽，也可以采用密封方式保存一段时间。其方法有：

（1）将菜籽堆放在泥地上，覆盖塑料薄膜，然后用细泥密封，可保存 10~15 天。

（2）将湿籽装入不透气的塑料袋中，扎紧口袋不让漏气，待天气转晴时打开晒干。

（3）将湿菜籽装入大缸或水泥池中，表面覆盖塑料薄膜，再用细泥密封四周，也可走到绝氧保存的目的。

油菜籽密封后，由于内部温度升高，引起空气膨胀，薄膜会向外鼓起，薄膜上凝聚大量水珠，堆底会出现积水，表层菜籽会发霉，这些都是正常现象，无须翻动。待天气晴朗，及时取出晾晒，对产量和含油量没有太大的损失。

3. 烘干

阴雨天抢收的菜籽，利用热空气干燥，省时简便。常用的烘干方法有：

（1）火炕烘干。在我国北方和南方山区，有取暖火炕的农户，可将湿籽摊在炕面上，将炕温升到 40～50℃，利用热空气促使水分蒸发。烘干过程中，需要定时翻拌，使菜籽均匀受热，菜籽温度保持在 40℃ 左右，直到烘干。

（2）干燥机烘干。首先用较低温度的热空气对湿籽进行初步干燥，使菜籽免于霉变，取出暂存，待天气晴好，取出晾晒。如持续阴雨，则将菜籽继续装入干燥机内用较高温度直接烘干，可保证菜籽的品质。一般热空气温度控制在 80～90℃，菜籽温度控制不超过 40℃，不断搅拌。

（三）油菜籽的贮藏

在不适宜的温度、水分条件下贮藏，油菜籽容易出现结块、霉变现象。油菜籽发热霉变后对出油率会有不同程度的影响：籽粒表面有白霉点，擦去霉点皮色正常的或皮色变白、肉色保持淡黄色的，不影响出油率；皮色变白、肉质变红、有腐酸味的，出油率下降；结块、有酒味的，严重影响出油率；皮壳破烂、肉质呈白粉状的，则不出油。

1. 严格控制含水量

油菜籽的含水量控制在 8% ~9% 较为安全，长期贮藏的含水量应小于 8%。油菜收割后，经过 4 ~7 天的堆放，角果皮裂开，菜籽已与角果皮脱离。这时，可选择晴朗的天气，抓紧时间摊晒、碾打、脱粒、扬净。当油菜籽的水分降到 8% ~9% 时即可入库。夏天空气相对湿度在 50% 以下时，油菜籽水分可降到 8% 以下；如空气相对湿度在 85% 以上，种子会很快吸湿潮解，含水量上升到 10% 以上。因此，阴雨天不宜入库。

在仓储期间，应勤加检查与开仓换气。仓储菜籽经常开仓换气，可把潮湿空气排出仓外，进入干燥空气。但在仓外相对湿度大于仓内时，不能开仓换气。一般刚入库收藏的种子在 3 ~5 天内检查 1 次，以后每隔 10 天检查通风为好。如发现含水量升高，要及时采取措施进行晾晒。当水分下降到规定标准后应注意密闭良好，以防种子吸湿。检验其含水量是否达到安全贮存标准的简单方法为：群众的经验是抓一把油菜籽平摊在桌面上，用瓦片重压，如发出脆声表明达到安全贮存标准。

2. 严防发热霉变

种堆温度夏季不宜超过 30℃，春季、秋季不宜超过 15℃，冬季不宜超过 8℃。如种温高于仓温 5℃ 就应采取措施，进行通风、降温散湿。冬油菜收获脱粒后恰遇夏季高温高湿季节，油菜籽的含水量容易升高，水分常在 20% 以上，高的可达 50% 左右，若含水量超过 12% 时，就很容易在短期内发热霉变，必须进行紧急抢救处理。在这种情况下，可采取以下措施：用塑料薄膜密封加磷化铝熏蒸，即将湿油菜籽用塑料薄膜严密覆盖，四周用泥土压实封紧，不让透空气，每立方米投入磷化铝 3 ~4 片。这是应急措施，保存时间不可超过 1 周。待机晾晒，防止继续发热。在启封时严禁人员进入薄膜内，因为经过一段时间，膜内充满二氧化碳，对人有窒息的危险。

贮藏前，应充分降温，以防种子堆内温度过高，发生干烧现象而造成损失。因为刚经烈日晒过的油菜籽大量入库，由于库房密封条件好，超标贮藏仓容空间又小，如入库后立即关闭仓门，种温高于仓内气温，温差较大，由种子散发出的热蒸汽遇冷后易在种堆表面形成雾滴，使种堆局部积聚水露，发热变质。所以热种子入库后要待种子充分冷却后再关闭仓门。一般结合风选，充分降温散湿，同时可消除尘埃杂质及病菌等，增强贮藏的稳定性。

3. 合理堆放

由于大的贮仓易造成温度升高的湿度转移，因此油菜籽应贮存在较小的、便于处理的仓库内。油菜籽体积小和随意流动的特性决定了要有高质量的贮存仓以避免泄漏，屋顶和门的开口、建筑结构的结合点甚至小漏洞都要封严以避免损失。木制仓库更易于种子泄漏，也易使种子潮气、害虫和啮齿动物为害，而铁制仓库几乎不需维护，可以很容易的密封以抵挡害虫和天气影响。

油菜籽入库必须按水分含量高低、品质好坏分别堆放。一般水分在8%以上、杂质超过5%的菜籽，适于长期贮存，可堆放1.5~2米高，包装12包高；水分在10%~12%的菜籽，散装1米高，包装6~8包高，并且只能短期贮藏；水分12%以上的油菜籽应抓紧处理，否则随时都可能发热霉变。同时应合理堆放，严格检查。散装菜籽，堆垛下应铺垫圆木、木板和芦席，使堆放的菜籽与地面隔离。堆垛与墙壁也不应小于50厘米距离。袋装贮藏，应堆成"工"字形、"井"字形或"金钱形"，利于通风透气。

经过合理安全贮藏的油菜种子一般均具有以下特点：种子略有甜气味，没有可见霉菌，其他杂质种子的含量低于1%，高于90%的发芽率，碾碎后有多于97%的黄色种子等。

四、优质油菜的加工利用

优质油菜籽加工的主产品是菜籽油和菜籽粕，优质菜籽油饱和脂肪酸含量较低、单不饱和脂肪酸含量较高、多不饱和和脂肪酸含量适中，其脂肪酸组成被认为是植物油中最合适人类的营养食用油。

食用植物油的制取一般有两种方法：压榨法和浸出法。压榨法是用物理压榨方式，浸出法是用化工原理，用食用级溶剂提取方式。浸出法首先在发达国家得到应用，浸出制油工艺是目前国际上公认的量先进的生产工艺。

油菜籽经过清理、破碎、软化、轧胚、蒸炒等流程后，用压榨法或浸出法制毛油，毛油不能直接食用。机械挤压制成的毛油称机榨毛油，油料经预处理（或用压榨饼）采用溶剂浸出制成的毛油称为浸出毛油，毛油中含有多种杂质，包括原料中及榨取或浸出过程中产生的。有些杂质对人体极为有害。毛油经过进一步加工，去除杂质和其他成分，成为可以食用的成品油。从毛油到成品油的加工过程，一般包括脱胶、中和（酸）、脱色、蒸馏脱臭。也就是说，压榨和浸出制取的油是毛油，而使毛油变为成品油，都必须经过一个化工精炼过程。菜籽油加工时，一般先压榨取油，然后将压榨后的饼粕通过浸出再取油。

根据现在的国家标准（GB 1536—2004），菜籽油按等级分为：菜籽原油、一级菜籽油、二级菜籽油、三级菜籽油和四级菜籽油。（表4-2和表4-3列出了各级菜籽油的质量指标）。从菜籽原油到一级菜籽油需经过多道加工工艺：毛油→去除悬浮杂质→脱胶→脱酸→脱色→脱臭→脱蜡→一级菜籽油。

菜籽毛油经脱胶、脱脂、脱杂和脱水后，成为可以食用的四级成品菜籽油，四级菜籽油再经过脱酸、脱臭、脱色等精炼后，成为精炼油。一般企业加工的油主要是一级油。少数企业的精炼油达不到一经标准，成为二级和三级菜籽油。目前，国内一些大型菜籽油加工企业可以通过一个连续的工艺流程将毛油直接精炼为一级菜籽油。

表 4 – 2　菜籽原油质量指标（GB 1536—2004）

项目	质量指标
气味、滋味	具有菜籽原油固有的气味和滋味，无异味
水分及挥发物/（%）	0.20
不溶性杂质/（%）	0.20
酸值（KOH）（毫克/克）	4.0
过氧化值/（毫摩尔/千克）	7.5
溶剂残留量/（毫克/千克）	100

表 4 – 3　压榨成品菜籽油、浸出成品菜籽油质量指标

项目		质量指标			
		一级	二级	三级	四级
色泽	（罗维明比色槽 25.4 毫米≤	—	—	黄 35 红 4.0	黄 35 红 7.0
	（罗维明比色槽 335.4 毫米≤	黄 20 红 2.0	黄 35 红 4.0	—	—
	气味、滋味	无气味、口感好	气味、口感良好	具有菜籽油固有的气味和滋味，无异味	具有菜籽油固有的气味和滋味，无异味
	透明度	澄清、透明	澄清、透明	—	—
水分及挥发物/（%）≤		0.05	0.05	0.10	0.20
不溶性杂质/（%）≤		0.05	0.05	0.05	0.05
酸值（KOH）（毫克/克）≤		0.20	0.30	1.0	3.0
过氧化值/（毫摩尔/千克）		5.0	5.0	6.0	6.0
加热试验（280℃）		—	—	无析出物，罗维朋比色；黄色值不变，红色值增加小于 0.4	微量析出物，罗维朋比色，黄色值不变，红色值增加小于 0.4，0.5

（续表）

项目	质量指标			
	一级	二级	三级	四级
含皂量/（%） ≤	—	—	0.03	—
烟点/℃ ≥	215	205	—	—
冷冻试验 （0℃储藏5.5h）	澄清，透明			
溶剂残留量/ （毫克/千克）　浸出物	不得检出	不得检出	≤50	≤50
压榨油	不得检出	不得检出	不得检出	不得检出

从外观上来看，生产的菜籽原油或四级菜籽油，其色泽与炒料的温度和时间关系较大，通过精炼，菜籽油的色泽可以降到很低。在储存过程中，菜籽油的色泽受到光和热的影响会发生一些变化。

菜油的贸易和贮藏以四级油为主，实行散装、散运和罐储的形式。四级菜油贸易量占菜油现货贸易量的80%以上，国家储备和地方储备的菜油也是四级油。四级菜油既可以以散油的形式为居民直接消费，也可以精炼为一级菜油（原国家色拉油）以小包装的形式在市场上销售。同时，四级菜油价格也是现货市场的基准价格。

菜油不适合长期贮藏，在贮藏过程中酸价和过氧化值会随着时间的推移升高，影响油品的质量，因此，国储菜油规定两年内必须轮换一遍。现货中菜油贮藏时间一般不超过一年。

油菜籽传统的制油工艺有：一次直接压榨；预榨——浸出工艺；直接浸出工艺等，传统的制油工艺或多或少存在一些不足之处。为提高和改善和饼粕的品质，油菜籽制油方法出现了日益多样化的趋势，目前主要有（脱皮）低温压榨法、新型溶剂提取法、水酶萃取法、压缩气体溶剂浸出法、双压榨法、微波技术等。为附加值高和功能性特种油脂的加工开发提供了新的途径。

模块五　油菜优质高产栽培技术

我国油菜分为南方冬油菜和北方春油菜两大类。油菜的种植方式分为直播和移栽两大类型，整个长江流域65%为移栽、35%为直播。各地在长期生产中研究推广了很多优质高产栽培技术。

一、油菜育苗移栽优质高产栽培技术

主要介绍棉地油菜育苗移栽技术、"稻－稻－油"三熟制油菜移栽高产栽培技术、油菜板田免耕移栽技术、油菜机械化移栽技术等4种育苗移栽技术。

（一）棉地油菜育苗移栽技术

1. 选择良种

选择高产稳产、优质、抗逆性强、适应性广的品种，由于前作棉花施肥较多，土质肥沃，习惯上种植密度较稀，在品种选择时，应选用耐肥抗倒性较好的品种，以中油杂系列、华油杂系列等较为适宜。

2. 适时播种，培育壮苗

早熟品种9月5～15日、晚熟品种9月10～20日播种，每亩苗床播种量0.5～0.6千克。

（1）选地势较高、土壤肥沃、排灌方便的旱地或稻田作苗床。苗床与大田面积比为1：（5～7），苗床地翻耕10～15厘米深，适度晒坯，并在周围开好排水沟。按1.5米左右分厢开沟，厢面整碎整平，拾尽残根杂草。

（2）每亩施火土灰或土杂肥1 500～2 000千克、腐熟人畜粪

1 000千克、硼肥1千克、过磷酸钙25千克，混和拌匀堆沤7~10天，结合整地均匀撒施于表土层。

（3）播前苗床浇水湿透，定量播种，均匀撒播，用火土灰盖种。播后用稻草或遮阳网等覆盖并洒水湿润。当油菜子叶露出时，在阴天或傍晚浇透水后，揭掉覆盖物。

（4）出苗前遇干旱早晚浇稀薄粪水抗旱，每天至少1次。齐苗后及早间苗定苗，每平方米留苗90~100株。

（5）3叶期至3叶一心期喷施100毫克/千克浓度多效唑（每亩用15%多效唑40~45克），促使根系的发育，培育矮壮苗。3叶期前后重肥足水，5叶期后控制肥水，进行炼苗。

（6）注意病虫害的防治。苗期主要虫害有蚜虫、菜青虫等。主要病害为猝倒病。

3. 合理密植

采用棉油套栽，若棉花长势旺盛，可先对棉花堆株并垄，再移栽油菜。一般苗龄30~35天，绿叶数6~7叶时移栽。一般10月中旬开始移栽，确保10月底栽完，做到早栽早管争秋发。一般每亩栽种6 000~8 000株，土壤肥力较差的适当增加密度，为保证密度，可采取"一穴双株"栽培技术。棉田套栽油菜可以采取全幅移栽或预行移栽。全幅移栽以棉行栽3行，沟边各栽一行为宜，亩密度控制在7 000株左右，即每平方米留苗12株左右，预留行移栽即只在棉行移栽3或4行油菜，沟边预留棉行，亩密度控制在5 000~6 000株，即每平方米苗10株左右。移栽时淘汰弱小苗，活蔸后及时查苗补缺。

4. 合理施肥

棉地油菜严格控制氮肥，增施磷、钾、硼及有机肥。一般基肥每亩深施碳铵15~20千克、硼砂0.5~1.0千克、火土灰1.5~2方（或饼肥30~40千克），追肥在移栽返青后施用，每亩施尿素5~8千克，春后不施氮肥，抽薹期亩用硼砂150~200克叶面喷雾。

5. 化学调控

在越冬前（12月中旬），根据菜苗长势，每亩用15%多效唑30~50克对水30千克喷雾，可以控制油菜长势过旺，增强其抗寒性和抗倒性。

6. 抗旱排渍

秋旱严重地区，在油菜育苗和移栽后遇到干旱应及时浇水抗旱，确保苗齐、苗全、苗壮和移栽成活。开春后雨水较多，及时清沟排渍，促进油菜根系发育，提高根系活力。

7. 及时防治病、虫、草害

油菜虫害主在有蚜虫、菜青虫等。虫害一般发生在苗期，应及时用药剂防治。

油菜病害主要是菌核病，一般在盛花期进行药剂防治1~2次，两次间隔7~10天。药剂选用40%菌核净可湿性粉剂1 000~1 500倍液等，喷药部位重点在植株中下部茎叶和地面。

提倡人工除草，也可以采用化学除草，对于禾本科杂草用盖草能、精禾草克等药剂防除，阔叶杂草则用高特克防除，异叶黄鹌菜这一类杂草比较多的田块用人工铲除。

（二）"稻–稻–油"三熟制油菜移栽高产栽培技术

1. 品种选择

三熟制栽培应选择早熟或中熟偏早优良品种，不宜选中、迟熟品种，以免影响早稻适时抛（栽），可选早熟品种。

2. 适时播种

播种期根据水稻预计收割时期而定，注意油菜秧龄控制在40天以内，一般9月中下旬播种。

3. 培育壮苗

（1）选地势较高、土壤肥沃、排灌方便的旱地或稻田作苗床。苗床与大田面积比为 1∶（5～7），苗床地翻耕 10～15 厘米深，适度晒坯，并在周围开好排水沟。按 1.5 米左右分厢开沟，厢面整碎整平，拾尽残根杂草。

（2）每亩施火土灰或土杂肥 1 500～2 000 千克、腐熟人畜粪 1 000 千克、硼肥 1 千克、过磷酸钙 25 千克，混和拌匀堆沤 7～10 天，结合整地均匀撒施于表土层。

（3）播前苗床浇水湿透，定量播种，均匀撒播，用火土灰盖种。播后用稻草或遮阳网等覆盖并洒水湿润。当油菜子叶露出时，在阴天或傍晚浇透水后，揭掉覆盖物。

（4）出苗前遇干旱早晚浇稀薄粪水抗旱，每天至少一次。齐苗后及早间苗定苗，每平方米留苗 90～100 株。

（5）3 叶期至 3 叶一心期喷施 100 毫克/千克浓度多效唑（每亩用 15% 多效唑 40～45 克），促使根系的发育，培育矮壮苗。3 叶期前后重肥足水，5 叶期后控制肥水，进行炼苗。

（6）注意病虫害的防治。苗期主要虫害有蚜虫、菜青虫等。主要病害为瘁倒病。

4. 大田准备

双季晚稻收割后，在稻田土处于湿润状态时抢时间开沟整地，按 2.0～2.5 米（包沟）分厢，围沟宽、深各 35 厘米；腰沟宽、深各 30 厘米；开好厢沟、腰沟和围沟，然后平整厢面。或利用机械开沟整地，厢宽为 150～180 厘米，沟宽 30 厘米，沟深 15 厘米；腰沟、围沟深 20 厘米。

5. 施足基肥

亩用火土灰或土杂肥 40 担、25% 油菜专用复合肥 50 千克（或尿素 10 千克、磷肥 40 千克、钾肥 5 千克））、硼肥 0.5～1.0 千克，充分拌匀后于油菜移栽前施于移栽穴边或撒施于厢面。

6. 移栽

苗龄 25～35 天，选大、壮苗移栽，11 月 5 日前栽完。板田按 2 米包沟分厢，每厢栽 6 行，株距 20 ~ 23 厘米，每亩栽足 8 000 ~ 10 000 株（也可适当加大株距，采用一穴双株）。

7. 大田培管

（1）及时追肥。油菜移栽后 7 天左右每亩用尿素 5 ~ 6 千克对水浇施提苗，12 月下旬结合中耕除草每亩用猪粪尿 500 ~ 750 千克浇施作腊肥。

（2）化学调控。12 月中旬根据苗势每亩用 15% 多效唑 50 ~ 60 克加硼砂 30 克对水 45 千克喷雾，抽薹期至初花前每亩再用硼砂 30 克对水 45 千克喷雾 1 次。

（3）培土壅蔸。12 月底以前进行 1 次培土壅蔸，增加土壤通透性，提高抗寒力，预防冻害。

（4）春后做好清沟排渍工作。

（5）防治病虫。苗期搞好蚜虫、菜青虫等害虫的防治，盛花始期用多菌灵、菌核净、咪鲜胺等防治菌核病 1 ~ 2 次。

（三）油菜板田免耕移栽技术

油菜免耕栽培是在前作收获后，不经整地直接栽种油菜的一种省力、经济的栽培方式。

1. 油菜免耕移栽的优点

（1）土壤水、肥、气、热等条件可保持良好的状态。由于免耕没有破坏土壤耕作层结构，透水透气性良好，能避免过湿耕作造成的土壤板结。且未切断土壤毛细管、耕作层墒情较好。地表水易随地表径流排出，避免在犁底层产生滞水层。表土层前作残存肥料较多，肥力较高。

（2）有利于油菜早栽、早活及早发。免耕可以适时早栽，也可以抢墒保苗，提高成活率。

（3）能保证移栽质量。免耕穴栽的破土口径小（6 ~ 7 厘米），密度容易保证，移栽时使用肥土压根，肥料集中，一个穴相当于一个营养钵，栽后返青快，种于发根长叶，实现秋发增产。

（4）有利于壮苗秋冬发，增产增收，省工、省本。

（5）有利于保证农事季节。免耕移栽油菜应用范围很广，尤其是种植晚稻和晚熟作物的地区，由于让茬晚且农活集中，劳力紧张，采取免耕移栽，可以加快移栽进度。

2. 油菜免耕移栽的弊端

（1）易受渍害影响。如果排灌系统不配套，栽前开沟排水差，秋雨较多的情况下，油菜移栽时受到渍害，轻则僵苗不发，重则烂根死苗，因此栽前要搞好沟系配套，防涝降渍。

（2）春季土温回升慢。免耕移栽的田块冬季必须搞好松土壅根，提高地温，促进春发。

（3）杂草多。由于免耕田土壤墒情好，掉在土壤表层的杂草种子发芽快、数量多，草害比较严重。

（4）后期易早衰。免耕移栽，若田较湿，油菜的根系分布比较浅，后期如遇干旱或渍害更易发生早衰。

3. 油菜免耕移栽的关键技术

（1）清沟排渍。

（2）化学除草。免耕田未经翻耕，杂草多，尤其是在温度高的暖冬年份，杂草生长快，大量消耗养分，因此在油菜移栽前必须进行一次化学除草，防止草欺苗。具体操作是：以 1 年生单、双子叶杂草为主的田块，在移栽前 2 ~ 3 天，每亩用 20% 克芜踪 150 ~ 200 毫升；或用 50% 扑草净 100 克 + 12.5% 盖草能 30 ~ 50 毫升，对水 50 ~ 60 千克，土壤表面全田均匀喷雾。以单子叶杂草（如看麦娘）为主的田块，在油菜移栽后，杂草 2 ~ 3 叶期，每亩用 12.5% 盖草能 40 ~ 50 毫升，对水 50 ~ 60 千克，喷施在行间杂草上，可控制油菜苗期田间杂草。

（3）抢摘早栽。

（4）栽足密度。一般每亩栽 8 000 ~ 1 000 株，肥水条件好的田块适当稀植，瘦苗、薄田及施肥水平低的适当密植。

（5）中耕松土，注重施肥，防止早衰。免耕油菜移栽早，追肥又大又多施于表土，油菜苗期生长旺，后期容易出现早衰，因此要注重均衡施肥及腊肥的施用，对蕾薹期出现早衰症状的，可以叶面施肥补充肥料。但一般不提倡春后施肥，以防倒伏。对冬前长势较旺的田块，可以在 12 月上、中旬用多效唑进行化控。

（四）油菜机械化移栽技术

油菜机械化移栽作为一项省工节本的轻简栽培技术，还处于试验示范阶段，但油菜生产全程机械化是今后我国油菜发展的必然趋势。目前，在我国和江苏、浙江一带，油菜机械化移栽正处于推广应用阶段，所用机械主要有日本井关移栽机、江苏富莱威四行移栽机等。

1. 苗床育苗

（1）苗床准备。选择土壤肥沃，平整疏松，近水源，排灌方便，远离菜地的旱地或水田作苗床。秧田：大田 = 1 : 5 为宜。苗床一般以尿素 10 千克，过磷酸钙 20 千克，氯化钾 5 千克，硼肥 1 千克作基肥。

（2）短期早播。在本田作物收获前 35 ~ 40 天左右播种。每亩苗床播种量 0.4 ~ 0.5 千克，均匀播种不漏播。

（3）间苗定苗。一片真叶时拔掉拥挤苗，三叶一心时定苗，拔掉小苗、杂弱、弱苗。

（4）培育矮壮苗。三叶期喷 100 ~ 150 毫克/千克浓度多效唑液培育矮壮苗。

（5）苗肥。间苗后亩施人粪尿 200 ~ 250 千克。5 叶后控制肥水。移栽前一周施尿素 2.5 千克。

（6）病虫草害防治。主要是蚜虫、菜青虫、小菜蛾的防治，防治蚜虫可用 10% 吡虫啉粉剂 1 500 ~ 2 000 倍液防治；菜青虫、小菜蛾 3 龄前用杀灭菊酯 1 500 倍液喷杀。草害防治：在播种盖

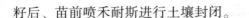

籽后、苗前喷禾耐斯进行土壤封闭。

2. 穴盘育苗

利用日本井关移栽机移栽则需要采用穴盘育苗。一般采用制钵装置制成育苗的土钵，将种子播入营养钵内，在一定条件下集中育苗；培育出适宜机械移栽的油菜钵苗，达到须根多、易脱盘要求，以提高机械化移栽作业质量。

（1）钵盘。采用 25 穴或 30 穴的钵盘。

（2）钵土准备。钵土以轻质的腐质土为主，配以大田的地表肥土。钵土需打碎过筛，去除石块杂物，不宜过黏或过沙，并经晒干和消毒处理，在播种前将其充分拌匀。营养土的湿度以手提炼成团但手不沾泥，捏团掉地可散裂为宜。

（3）育苗床。育苗床要求平整、无杂草，并配有防晒和防暴雨的设备，有条件地区可选用温室作为育苗床，待小苗长出真叶后移出温室。

（4）播种期。一般在移栽前 20～35 天进行播种，生根速度快的育苗播种的时间可迟一些，生根速度慢的时间要提前一些。钵苗规格：叶数 3～4 枚；苗高 120～150 毫米。

（5）播种。种子播在每穴的中间位置，对播后钵盘覆土并洒水，覆土深度 5 毫米左右，水要浇透。

（6）钵苗管理。将已播钵盘送入苗床，在每个钵盘下方放置废旧报纸或其他既透气又能防止苗根扎入土壤的隔离物。在苗床上方设置防晒网，防止太阳对苗盘的暴晒而导致缺水，并防止暴雨对未出苗的苗盘冲刷，以免钵土流失和种子移位。

（7）肥水管理。根据钵土含水情况，及时进行补水，保证油菜苗的正常生长。并根据其生长情况，及时施用苗肥，促进正常发育。

（8）根据苗势定期喷施多效唑，以控制苗的超长生长，以免影响机具移栽作业。将要移栽的油菜苗苗高控制在 15 厘米以内（3 叶 1 心为宜），若过高移栽时会产生夹苗、拔苗现象。过高部分在不伤苗心的前提下可切除。

3. 大田准备

整地质量好坏直接关系到机械化栽植的作业质量。移栽田块要求平整，田面整洁、细而不烂，碎土层大于8厘米，碎土率大于90%。土质干燥，质地疏松。结合旋耕埋茬作业施用底肥，进行病虫草害的防治。

4. 秧苗准备

（1）应用江苏富莱威四行移栽机，移栽前一天下午拔好秧，第二天机械移栽秧。

（2）应用日本井关移栽机移栽的，先将秧盘运至田头，卸下平放，使油菜苗自然舒展，并做到随起随栽。移栽时，油菜钵苗起盘后整齐平放于移栽机的苗盘上，不粘黏，易于分离。

5. 移栽

（1）根据当地高产栽培农艺要求，调节好相应的作业株距和移栽深度。

（2）选择适宜的移栽行走路线，可使用划印器和侧对行器，或开5厘米深的机具行走沟，以保证移栽机的直线度和邻接行距。

（3）移栽作业过程中要监视和控制栽深的一致性，达到深浅适宜。

6. 油菜移栽作业质量要求

作业质量必须达到以下要求：漏栽率≤5%；伤苗率≤4%；翻倒率≤4%；均匀度合格率≥85%。

漏栽：指移栽后穴内无油菜苗；伤苗：指油菜苗栽后茎基部有折伤、刺伤和切断现象；翻倒：指油菜苗倒于田中，叶梢部与泥面接触；均匀度：指各穴苗株数与其平均株数的接近程度。

7. 移栽密度

大苗早栽7 000～8 000株/亩，小苗迟栽8 000～9 000株/亩。

8. 大田管理

（1）其他田间管理措施如施肥、防治病虫害等，与直播油菜的田间管理基本相同。

（2）化学除草：前茬收获后，每亩用20%克无踪（百草枯）水剂150～200毫升加水喷雾，杀灭杂草，施药后第二天移栽油菜。移栽后，再选用敌草胺、禾耐斯、乙草胺等除草剂进行土壤处理处理。

（五）油菜秋发高产栽培技术

气象上一般把9～11月叫秋季，即当每5天的平均气温等于或大于10℃或小于22℃的天气称为秋季。油菜在秋季发棵称为秋发，促进油菜秋季发棵、充分发挥油菜高产潜力的综合高产栽培技术称为"油菜秋发高产栽培技术"，该技术适合于长江流域三熟或两熟制地区推广。

秋发型油菜的形态指标是：在秋末（11月底）单株绿叶数9～10片，叶面积指数1.5～2.0，每亩植株干重150千克以上，越冬前（12月底）单株绿叶数13～14片，叶面积指数2.5～3.0，每亩植株干重250千克以上。

1. 油菜秋发栽培的优点

（1）能充分利用秋冬温光资源。油菜生长快，叶面积发达，光能利用率高，贮藏养料多，进而形成了油菜高产的基础。

（2）能促进油菜早发壮苗。由于秋季和冬前气温较高，光照充足，秋发油菜生长快，叶片数多，到12月底，单株绿叶数达到13～14片，叶面积指数大于2.5，并且根茎粗壮，长势强。

（3）能增强油菜抗寒能力。越冬前秋发型油菜生长健壮，根基粗壮，细胞液浓度高，因此抗寒性强。

（4）能提高肥料利用率。研究表明：一般大田油菜每100千克菜籽需施用氮素11千克以上，而秋发型油菜只需10千克左右，减少用氮量10%左右。这是由于早播早栽的秋发型油菜充分利用了前期的温、光资源，从而提高了肥料利用效率。

（5）能提高油菜产量。秋发油菜年前发棵早，干物质积累多，春后基秆粗壮，分枝多，角果多，产量高。

2. 油菜秋发高产栽培技术

（1）选用适合秋发栽培的油菜品种。秋发栽培要求选用增产潜力大、抗逆性强、高产、稳产的中迟熟甘蓝型优质油菜品种，甘蓝型春性强的早熟品种及白菜型品种不宜秋发栽培。

（2）"三早"是油菜秋发栽培的核心。①适期早播。9月上旬是长江流域油菜秋发栽培的适宜播期。②适时早栽。秋发栽培要求在10月中旬前移栽，苗龄30～35天。移栽密度，棉田套栽每亩6 000～7 000株，稻田每亩8 000～10 000株。③栽后早管。早管才有促早发，要边栽边管，浇好定根水，促进返青成活。活棵后早中耕，勤松土，防止土壤板结，提高地温。施肥上应在施足底肥的基础上，早施重施苗肥，一般于10月下旬施用，每亩施尿素10千克左右，使油菜利用较高气温搭起丰产架。重施腊肥防春衰，看苗补施薹肥。此外，还必须高标准地开好"三沟"防渍害，及时灌水防干旱，保证油菜栽后顺利生长。

（3）"四防"是争取油菜秋发、夺取高产的保证。①防虫害。秋发油菜苗期处于气温较高的时期，蚜虫、菜青虫等危害重，必须及时施药防治，以免造成危害和引发病毒病而影响壮苗和早发。②防弱苗。壮苗是油菜秋发的基础。播种密度过大，间苗不及时，秧龄拖长都会产生高脚苗等，栽后成活率低，返青期长，难以秋发。③防冻害。秋发油菜在冬前已形成了较大的营养体，容易遭受冻害。因此，防止冻害是秋发油菜栽培中的重要环节。在11月底以前，要搞好培土壅根，并在冬前施好腊肥，护根保苗，同时叶面喷施磷酸二氢钾和植物生长调节剂等提高油菜抗寒性，为油菜安全越冬创造适宜的环境。④防早薹。秋发栽培中，因播期较早，生长较快，遇到较高的气温，易出现早薹现象，使油菜抗寒力降低，易受冻害而造成减产。化学调控是秋发栽培中的一项必要措施，尤其是在暖冬年份，可能在年前出现旺长或早薹早花现象时，要及时进行化控。对达到秋发标准的田块在 12 月中旬喷施烯效唑或多效唑，对已早薹早花的植株选择晴天及时摘薹，并追施速效肥，促进分枝的发育。

二、油菜直播优质高产栽培技术

（一）优质油菜稻田浅（免）耕直播高产栽培技术

油菜稻田浅（免）耕直播是指在水稻收获后，在自然落干的稻田里，经开沟撒土（免耕）或浅耕开沟后，直播接播种油菜的栽培方式。该项技术操作简单、具有省工、节本、增产增效的特点。

1. 稻田选择和播前准备

宜选择排水良好、土壤肥沃、具有灌溉条件的稻田。渍水的田块应在水稻收获前开好排水沟，排干渍水。冷浸田不宜种植油菜。

2. 品种选择及用种量

单季稻田选择优质、高产的中熟油菜品种；双季稻田则宜选择生育期较短的优质油菜品种。浅耕直播每亩用种量 200 克，机械开沟免耕直播每亩用种 200 ~ 300 克。

3. 适时播种

一季稻或晚稻收获后，早熟品种 9 月下旬至 10 月中旬，晚熟品种 10 月上旬至 10 月下旬，在保障不早薹早花的前提下，播期越早产量越高，最迟不超过 10 月底。

4. 机械开沟与机械浅耕

湖南农大研制的 2BYF－6 型油菜免耕直播开沟机，集油菜播种、施肥、开沟、覆土 4 项工序为一体，每天可开沟播种 20 ~ 25 亩。2BYD 型油菜联合播种机，1 次作业可完成浅耕、灭茬、播种、施肥、开沟、覆土 6 个工序，1 天可播种近 30 亩。按 2.0 米左右的厢宽开沟分厢，开沟的泥土均匀撒于厢面。

5. 底肥的施用

每亩施用含量为 45% 的高效复合肥 30 ~ 40 千克、硼肥 1 千克一并施下，或每亩施含硼油菜专用肥 50 千克。用 2.5 ~ 3 千克尿素与种子混合拌匀，随拌随播，均匀撒播于厢面，也可条播或穴播。对比较干燥的田块，可在机械开沟（浅耕）之后，灌一次跑马水，在厢面基本看不到明水时，施入底肥，溶肥泡肥，让土壤与肥料充分接触，提高肥料的利用率。让水自然下沉，待厢面土壤水分适宜时，及时播种。

6. 保湿齐苗

播种前或播种后灌跑马水 1 ~ 2 次，保持田土湿润，促齐苗。齐苗后及时查苗，在 2 ~ 3 片真叶时对丛生苗进行间苗，10 月上旬播种的油菜每亩留苗 2 万株左右，10 月中下旬播种的每亩留苗 2.5 万 ~ 3 万株（每平方米 30 ~ 40 株苗）。如发现较大面积缺苗断垄，需浸种催芽及时补种。油菜播种后，清理三沟，做到排灌方便，无渍水，雨住田干。

7. 追肥施用

直播油菜齐苗后立即每亩追施尿素 3 千克或用 1% ~ 2% 尿素溶液喷施。油菜 5 ~ 6 叶期每亩再追尿素 7 ~ 8 千克（趁雨撒施）；越冬前施一次人畜粪水或尿素 6 ~ 7 千克/亩，作油菜腊肥和蕾薹肥。冬前长势过旺的，每亩可用 15% 的多效唑 50 ~ 60 克对水 50 千克喷雾，促稳长防冻。

8. 化学除草

开沟免耕油菜播前消灭老草，可在播种前 2 天，每亩用在克无踪 100 ~ 150 毫升对水 30 千克喷雾。

芽前除草在播种后 1～2 天内采用旱克 150 克对水 45 千克喷雾处理，封闭土壤。或用乙草胺、金都尔等处理。

苗后除草在油菜 2 叶左右每亩用 10.8% 的高效盖草能除草剂 30～45 毫升（即 3 包），对水 30 千克，趁晴天气温较高时喷雾，杀灭禾本科杂草。对阔叶杂草，则在油菜 5～6 叶时喷药防除。可选用新双锄、油草净等油菜专用除草剂，用新双锄除草直播油菜在 4～7 叶期。油菜除草剂的使用，要严格按照使用说明操作，注意施药时间和方法。

9. 防治病虫

出苗后至冬前应注意防治蚜虫、菜青虫等防治，蚜虫每亩用 10% 吡虫啉可湿性粉剂 15 克对水 30 千克均匀喷洒，防治菜青虫每亩用 2.5% 溴氰菊酯 20～30 毫升对水 30 千克均匀喷雾。春后注意清沟沥水，并每亩用 40% 的菌核净可湿性粉剂 100 克对水 40 千克喷雾防治菌核病，防治霜霉病则用 70% 代森锌可湿性粉剂 150 克对水 30 千克喷雾。

10. 收割方法

当主花序角果全部和全田角果达 80% 现黄，种子呈固有颜色时即应收获。既可采取的工收割，也可用联合收割机收割，在天气不佳的情况下，要注意抢晴收获。

（二）稻茬直播油菜栽培技术

稻茬直播油菜是直接将种子播在稻田里，省去传统栽培方式中育苗、间苗、耕整地、移栽的全过程，在与移栽油菜相同产量的情况下，稻田套播每亩节省用工 5～6 个，每亩可省工节本 100 元以上。栽培技术上，稻田套播油菜主要抓好三关：一是出苗关，足够而合理的群体是稻田套播油菜获得高产的基础；二是除草关，稻田套播油菜，杂草基数高，严重草害对产量影响较大；三是肥料运筹关，合理用肥是稻田套播油菜获得高产的重要保证。

1. 播前准备

（1）保证墒情。稻田套播油菜对水分有特殊要求，保墒播种、一播全苗是直播油菜成功的关键。若遇天气干旱的情况，在水稻收割前 10～12 天，需及时灌 1 次跑马水。若在水稻收割前 10 天田内仍积水较多，需及时排水，以保证适墒播种。

（2）施足基肥。一般在水稻收割前 10 天左右，田内无积水的即可套施基肥，2 天后套播油菜种子。一般要求每亩施用高浓度复合肥 30～40 千克，尿素 5 千克，硼砂 0.5～1 千克。

2. 播种技术

（1）播种用量。稻田套播油菜，一般每亩种量 0.3～0.4 千克，人工撒播或喷粉器喷播，播种时要插标杆，定好播幅，按标杆区域面积大小，称种下田，以防重播、漏播，确保一播全苗。为提高秧苗素质，可用 300～500 毫克/千克浓度的烯效唑浸种 1～2 小时后，晾干播种。或用 15% 浓度的多效唑拌种（每千克油菜籽用含有 15% 的多效唑 1.5～2.0 克）。

（2）播种时间。水稻收获前 7 天左右播种。在油菜出苗时机械收割水稻，水稻茬高度 10～15 厘米，水稻收割后迅速散开稻草，多余的稻草及时离田，以防稻草闷苗。

3. 播后苗前管理

（1）健全沟系。稻田套播油菜的田块，播种前要求开好排水沟。水稻收割后及时补挖三沟，当土壤含水量下降后，且开沟机或人工开沟，厢宽 1.5～2.0 米，沟深 25 厘米左右，达到灌得上、排得快、降得下的要求。

（2）促进出苗。若由于干旱墒情差等原因，导致在水稻收获时田间出苗状况仍较差，可采取适当踩压或碾压等措施压迫田面，以增加菜籽与土壤的密合程度，同时以薄稻草覆盖遮阴保墒，以提高出苗率。

4. 出苗后管理

套播油菜与育苗移栽油菜相比，播期偏迟，苗期管理的难度大，抗御灾害的能力不强，加强苗期管理尤为重要。

（1）间苗定苗。3～5叶期及时拔去弱小苗丛生苗，移密补稀，做好间苗匀苗定苗工作，确保留苗密度3万～3.5万株/亩，最终成苗2.5万～3万株/亩。

（2）早施苗肥。水稻茬套播油菜，菜苗不如旱地发育快，在齐苗后应早施苗肥，一般田块可追施尿素5～10千克/亩或农家粪肥1 000～1 500千克/亩。

（3）防治病虫害。要注意苗期病虫害防治。在低温多雨天气，特别是土壤黏重地区，要及时用药防治猝倒病，一般在发病初期每亩用25%瑞毒霉可湿性粉剂60克加水30千克，或用75%百菌清1 000倍液喷施，或用15%恶霉灵水剂600倍液喷雾。

（4）草害防治。以单子叶杂草为主的田块，在杂草出齐后每亩用15%精稳杀得60～80毫升或10.8%高效盖草能30～40毫升；以双子叶杂草为主的田块，在油菜6叶期后亩用30%好实多50～60毫升；单、双子叶杂草混生的田块，可将两类药剂混合，对水50千克常规喷雾防治。如草情仍未得到控制的，春后要进行二次补治，一定要把杂草控制在危害范围之内。

（5）化控壮苗保苗。一般在12月上旬左右，每亩用15%多效唑60～80克对水50千克喷雾，大壮苗多喷，小弱苗少喷，控旺促壮，保苗安全越冬。

5. 中后期管理

（1）适施薹肥。前期用肥偏少，抽薹前叶色褪色明显的宜适量补施薹肥；前期肥料足，抽薹前旺长迹象明显，施用薹肥。

（2）重防菌核病。在油菜初花期和盛花期二次防治，将菌核病的影响降到最低程度，达到增产增收的目的。

（三）优质油菜棉地直播技术

1. 品种选择

根据当地实际，选择品质优、产量高、抗倒性强、生育期中熟、种子质量好、耐肥性好的优质杂交油菜品种。油菜品种选择的时候不能选择生育期过迟的品种，以免影响下季棉花的种植。

2. 大田准备

前作棉花选择生育期适中、抗性好、结桃集中的品种。前茬棉花开厢 1.7~1.8 米，厢沟占地 0.3~0.4 米，沟深 20 厘米。棉花后期不施氮肥，增施磷钾肥，防贪青，冬至前后拔秆。

在油菜播种前 10 天，每亩用精禾草克 50 毫升或 8.8% 赛锄乳油 30~40 毫升对水 50 千克，晴天喷雾除草。

10 月初结合棉田管理，及时打除棉株底层的疯枝、空枝、老叶。如果棉花较贪青，可在油菜播种前喷施乙烯利，促使老叶早落。

棉地油菜一般不施底肥，如前茬棉花施肥量不够，可在播种前在棉行中间亩施 20 千克 45% 的复合肥或油菜专用肥 25 千克、硼砂 1 千克。油菜播种前 3~5 天浅中耕一次，清除枯枝落叶和杂草，并将底肥拌入土中。

3. 适时播种

棉田直播油菜最迟播期为 10 月上、中旬，棉田套播油菜采取条直播方式，在棉行开浅沟条播 4 行油菜，也可以在棉行撒播油菜。亩播种量 200~250 克。

4. 合理施肥

棉田种植油菜以追肥为主。直播油菜长至 3 叶期后趁雨天亩撒施 20 千克左右的油菜专用复合肥和 1 千克的硼砂，11 月底拔除棉秆时，结合壅兜亩追施 3~5 千克尿素。冬至至小寒间追施腊肥。蕾薹期喷施硼肥。

5. 及时间苗、定苗

油菜苗 2～3 叶期开始间苗，间除窝堆苗、弱苗，以苗不挤苗为宜；4～5 叶期开始定苗、补苗，每亩留苗密度 15 000 株左右。

6. 拔除棉秆

棉田套种油菜要求棉秆在 11 月底至 12 月初拔除。拔秆后结合中耕除草对松动油菜棵和棉蔸穴明显的地方扒平壅蔸。

7. 化学除草

针对田间草害情况选择对口的药剂进行防治，油菜生育期内需除草 3 次。采用"一杀、二封、三补"除草技术。

在播种前 10～15 天使用 41% 草甘膦 AS 灭生性除草剂 240～360 毫升/亩进行全面除杀；播种后使用 90% 乙草胺 EC40～50 毫升/亩进行芽前封杀。齐苗后根据田间草情选择对口除草剂进行杀除。以禾本科杂草为主的，可选用 10.8% 高效氟吡甲灵乳油 EC20～25 毫升/亩进行防除；以阔叶杂草为主的，选用 17.5% 草除·精喹禾灵 EC100 毫升/亩于杂草 2～4 叶期进行防除。

8. 防治病虫

苗期主要是注意防治菜青虫和蚜虫。防治菌核病一般每亩用 40% 菌核净可湿性粉剂 100 克对水 50 千克，选择晴天下午喷施，从下向上喷湿油菜中、下部叶片，以叶片滴水为宜。初花期防治 1 次，隔 7～10 天再喷施 1 次。

棉地套播油菜苗期管理强度大。由于油菜与棉花共生期长，油菜苗期生长都在棉田进行，给油菜苗期的追肥、间苗、除草、防虫等管理工作带来了不便，应注重抓好前期的除草和防虫工作。

（四）迟播油菜直播栽培技术

由于气候不良或前茬较晚等因素的影响，致使油菜播种推迟。加强迟播油菜的管理，特别是冬前管理尤为重要。迟播油菜关键是冬前肥水管理，促使菜苗冬前能达到一定的生长水平。

1. 播种

11月上旬是直播油菜安全播种的最后期限。为保证有足够的油菜秧苗越冬，应适当增加迟直接油菜的用种量，每亩播种量为0.25～0.3千克。播后及时覆盖、保墒，促进出苗。对播后因干旱未出苗的油菜田，及时泼浇稀薄人粪尿液，或者沟灌跑马水，但不能温灌，让水慢慢渗透到厢面，促使种子早出苗，出壮苗。秧苗2～3叶期及时间苗、定苗，每亩留苗3万～4万株。

2. 早施苗肥

迟播油菜生长慢，要早施苗肥促生长。据试验表明，油菜苗期吸收氮素为全生育期的45%，磷素为50%，钾素为43%，几乎占整个用肥量的一半。迟直播油菜在补苗或定苗后及时追施提苗肥，越早越好。促使油菜早发根、多长叶，充分利用冬季的温光资源，为高产打基础。一般每亩用尿素3～5千克或腐熟的人畜粪尿500～600千克加水浇施，未施用硼肥的田块每亩加施硼砂500～600克。半个月后进行第二次追肥，每亩用尿素5～7千克或人畜粪尿600～700千克加水浇施。小苗宜多施，土壤干旱时适当多加水。

3. 早施重施腊肥

迟播油菜生长慢，要适当提早在12月中旬重施1次腊肥，以利提高土温，腊肥应以有机肥料为主，一般肥力中等田块，亩施猪牛栏粪1 000千克、尿素5～7千克，均匀撒施在油菜行间，并结合清沟，进行培土壅根，把泥土覆盖在肥料上，既可减少肥料流失，又可保暖防冻。

4. 喷施叶面肥

在低温情况下，油菜生长缓慢。叶面喷施磷肥液能增强其抗寒力，既可使油菜苗安全越冬，又可以促年前苗壮苗齐，绿叶数

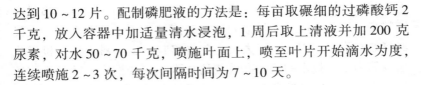

达到 10~12 片。配制磷肥液的方法是：每亩取碾细的过磷酸钙 2 千克，放入容器中加适量清水浸泡，1 周后取上清液并加 200 克尿素，对水 50~70 千克，喷施叶面上，喷至叶片开始滴水为度，连续喷施 2~3 次，每次间隔时间为 7~10 天。

5. 清沟排渍

田间渍水，油菜难以发根，易形成弱苗、黄苗、僵苗，应搞好三沟清理，做到明水能排，暗水能滤，雨住田干，使油菜苗根系有一个良好的发育环境，从而减少病害的发生，达到发苗先发根，苗壮产量增的效果。

6. 稻草覆盖

用稻草覆盖油菜行间，可以起到防草、防旱、保温和增肥的作用。油菜迟发苗用稻草覆盖更能促苗生长。稻草覆盖一般每亩用量为 250~300 千克，均匀铺在油菜行间，使泥不见天、草不成团。铺好后用碎土薄薄撒在稻草上防风吹散。

7. 控制早薹

迟播油菜因冬前营养生长弱，容易产生早薹早花，可根据情况进行控制。对生长较好，肥力较好的田块进行深中耕。在油菜蔸部附近中耕 7~10 厘米，切断部分根系，暂时控制其生长，待油菜落黄时，再补施适当的氮肥。

对生长较差的油菜田可采用重施氮肥的办法，可以有效地延迟营养生长，增加生长量，防止早薹早花现象发生。

对年前可能抽薹的油菜田要及时摘薹抑制植株顶端优势，使营养转入到下部分枝，推迟生育进程，摘薹后要补施氮肥、促进分枝。

三、油菜轻简优质高效栽培技术

随着现代农业栽培模式的转变和农村剩余劳动力结构的调

整，传统的育苗移栽劳动力投入大、生产成本高，同时，移栽密度越来越稀，不能适期早播和种植密度低不利于油菜高产，农民经济效益降低。因此，以大田少免耕移栽、少免耕直播、机械化播种等为主要技术的轻简高效栽培技术正逐步推广，种植面积逐年扩大，与传统育苗移栽相比，直播油菜具有省工省力、不易倒伏等优点。

（一）油菜机开沟免耕撒播栽培技术

机开沟免耕撒播栽培技术是指在没有翻耕的田块里用开沟机开沟作畦，直接播撒油菜种子在畦面后并用稻草覆盖的一种油菜轻简化栽培方式。免耕撒播是目前油菜种植中最为粗放、简洁的播种方式。该播种方式的劳力投入少，投入成本小，但操作不易规范，过于粗放，用种量较高，不能达到油菜标准化种植要求。

1. 品种选择

与移栽油菜相比，免耕直播油菜生育期伸缩性大，但成熟期相对稳定，同时株体小，产量构成中主要以密度取胜。因此，在品种选择上应选用株高适中、直立、株型紧凑、抗病性好的优质双低油菜品种。

2. 机开沟作畦

播种前，用开沟机按适宜的畦宽，开好围沟、畦沟和腰沟。一般畦宽 2.0 米，沟宽 20～25 厘米，沟深 15～20 厘米，用铁锹或锄头将沟内碎土均匀抛盖畦面，并保证沟沟相同，防止雨天畦面积水。

3. 化学除草

直播油菜田防治杂草非常重要，播种前 1 天用草甘膦、百草枯等灭生性除草剂防除田间杂草，做到均匀喷药，不重不漏。

4. 适时免耕撒播

免耕撒播油菜于每年 9 月底至 10 月初播种，播种前施足底

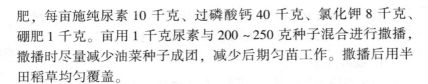

肥，每亩施纯尿素 10 千克、过磷酸钙 40 千克、氯化钾 8 千克、硼肥 1 千克。亩用 1 千克尿素与 200～250 克种子混合进行撒播，撒播时尽量减少油菜种子成团，减少后期匀苗工作。撒播后用半田稻草均匀覆盖。

5. 间苗定苗

由于油菜基本苗较多，因此应做好间苗、定苗工作。3～4 叶期时间苗，苗齐后定苗。按照去小留大、去弱留壮、去杂留纯、匀密补稀的原则及时间苗、定苗。根据土壤肥力和品种特点确定每亩留苗密度，一般每亩留苗 1.5 万～1.8 万株。

6. 科学田管

播种后出苗前用乙草胺防治双、单子叶杂草。油菜 4～5 叶期、杂草 2～4 叶期时，每亩用 17.5% 块刀乳油（精喹禾灵）100～140 毫升对水 30～40 千克均匀喷雾杂草茎叶。

苗期亩用 10% 吡虫啉可湿性粉剂 1 500 倍液喷雾防治菜青虫和蚜虫；在初花期每亩使用 36% 甲基硫菌灵悬浮剂 1 500 倍液喷雾处理防治油菜菌核病，间隔 7 天再用药 1 次；在油菜青荚期选择晴天下午，亩用 10% 吡虫啉 20 克对水 40 千克喷雾防治蚜虫。

7. 适时收获

终花后 30 天左右，当全株 2/3 的角果呈黄绿色，主轴基部角果呈枇杷色，种皮呈黑褐色时，即应收获，油菜收割应在早晨带露水收割，收割时做到轻割、轻放，以防角果裂角落粒。收割后堆放 3～4 天，及时脱粒晾晒，防止混杂霉变。

（二）油菜免耕窝播栽培技术

油菜免耕窝播是在没有翻耕的田块里，按行以一定的窝距，撬窝或挖浅窝播种，该技术是免耕技术和直播技术的进一步发展，具有明显的省工、节本、增效的特点。与免耕撒播栽培技术相比，免耕撒播油菜扎根浅，后期容易出现倒伏现象，造成减产；首先，免耕窝播栽培技术播种较规范，种子用量减少，减少了种子浪费；其次，播种更规范，有利于机械化收获。

1. 品种选择

与免耕撒播栽培技术相同，在品种选择上应选用株高适中、直立、株型紧凑、抗病性好的优质双低油菜品种。

2. 开沟排湿

播种前，用开沟机按适宜的畦宽，开好围沟、畦沟和腰沟。一般畦宽 2.0 米，沟宽 20 ~ 25 厘米，沟深 15 ~ 20 厘米，用铁锹或锄头将沟内碎土均匀抛盖畦面，并保证沟沟相同，防止雨天畦面积水。

3. 化学除草

播种前 1 周用草甘膦、百草枯等灭生性除草剂防除田间杂草，做到均匀喷药，不重不漏。

4. 适时播种

播种时，采用撬窝直播，窝距 25 厘米，每窝播种 3 ~ 4 粒。对免耕直播油菜产量影响最大的是播种期，如四川免耕窝播油菜适宜播期一般在 9 月底、10 月初播种。油菜晚直播即推迟直播油菜播期至 10 月中下旬，达到避灾减灾的效果。

5. 运筹施肥，合理密植

在肥料运筹上要做好平衡施肥，适当底肥及苗肥用量，根据土壤肥力和苗情注意增施苗肥、蕾薹肥，以提高全田及全生育期氮肥利用效率，提高稻茬免耕直播油菜生产效率。播种后，将氮肥按总氮量的 60% 及磷、钾、硼肥的 100% 混合拌匀作底肥施入窝旁并用土埋上。初花期（花蕾形成期）选择晴天下午，亩用 0.1% 硼砂溶液喷施油菜叶面，避免"花而不实"现象。

直播油菜与移栽油菜相比，个体生长量小，产量构成中主要以密度取胜，但不是播量越多越好，当油菜长出 3 ~ 4 片叶时应及时间苗、定苗，去弱留壮、匀密补稀，根据播期、土壤肥力、施肥量确定每亩留苗株数。

（1）常规播期。当密度 20 000 株/亩，施氮量 12 千克/亩、五氧化二磷 6 千克/亩，氧化钾 5 千克/亩、硼肥 1 千克/亩；密度为 2.0 万 ~ 3.0 万株/亩，气氮量 12.0 ~ 13.26 千克/亩。

（2）迟直播。当播期推迟至 10 月下旬时，当密度在 2.0 万 ~ 3.0 万株/亩、施氮量在 12 千克/亩时，油菜产量仍能达到 200 千克/亩。

6. 科学田管

播种后出苗前用乙草胺防治双、单子叶杂草。油菜 4 ~ 5 叶期、杂草 2 ~ 4 叶期时，每亩用 17.5% 块刀乳油（精喹禾灵）100 ~ 140 毫升对水 30 ~ 40 千克均匀喷雾杂草薹。苗期亩用 10% 吡虫啉可湿性粉剂 1 500 倍液喷雾处理防治菜青虫和蚜虫；在初花期每亩使用 36% 甲基硫菌灵悬浮剂 1 500 倍液喷雾处理防治油菜菌核病，间隔 7 天再用药 1 次；在油菜青荚期选择晴天下午，亩用 10% 吡虫啉 20 克对水 40 千克喷雾防治蚜虫。

7. 适时收获

（1）人工收获。终花后 30 天左右，当全株 2/3 的角果呈黄绿色，主轴基部角果呈枇杷色，种皮呈黑褐色时，即应收获，油菜收割应在早晨带露水收割，收割时做到轻割、轻放，以防角果裂角落粒。收割后堆放 3 ~ 4 天，及时脱粒晾晒，防止混杂霉变。

（2）机械收获。免耕窝播油菜播种较规范，油菜栽植密度较大、植株个体生物量小、分枝少，亦适合机收。与人工收获相比，机械收获适当推迟收割时间 3 ~ 5 天，当全田油菜 90% 角果呈黄褐色、主花序角果籽粒全部呈褐色时即可开始收割。

（三）油菜生产全程机械化栽培技术

油菜全程机械化生产技术包括机械化播种、机械化病虫害防治、机械化收获以及机械化秸秆粉碎还田，该技术较之育苗移栽省去了育苗、栽苗等环节，较人工撬窝直播减少了劳力投入，降低了劳动强度和生产成本，同时减少了秸秆焚烧带来的环境污染，是一套轻简高效的栽培技术。

1. 品种选择

选择株高适中、株型紧凑、抗倒伏、花期集中的适合机械化作业特性相对较好的优质高产油菜品种。

2. 开沟排湿

播种前，用开沟机按适宜的畦宽，开好围沟、畦沟和腰沟。沟宽 20～25 厘米，沟深 15～20 厘米，用铁锹或锄头将沟内碎土均匀抛盖畦面，并保证沟沟相通，防止雨天畦面积水。

3. 化学除草

播种前一周用草甘膦、百草枯等灭生性除草剂防除田间杂草，并采用机动喷雾器做到均匀喷药，不重不漏。

4. 选择适宜播种机械

根据生态区域及田块大小，选择合适的油菜播种机。如金阳油菜精量播种机适合在田块较大的区域以及丘陵地区使用，该机器与浅旋耕机配套，幅宽 1.3 米，播种行数 3 行，行距为 40 厘米，窝距 20 厘米，每亩用种量 200 克左右。

江苏产 2BF－4Y 型油菜直播机可一次性完成灭茬、旋耕、播种、镇压等生产工序，日作业量在 10～15 亩，较适宜在地区沥水较好的壤土和沙壤土的中小田块作业；由于该机型主要特点是可实现精量播种，油菜密度被控制在 1 万～1.5 万苗/亩，而无法达到更高播种密度，加之日作业量有限，因此该油菜直播机不易用于迟播密植油菜和平原地区成片规模化生产。

5. 运筹施肥

机播油菜每亩施尿素 20 千克、过磷酸钙 40 千克、氯化钾 8

千克、硼肥 1 千克。亦可在机播时一次性每亩施用油菜专用复合肥 50 千克。

油菜在 6～7 叶期时、蕾薹期根据土壤肥力和苗情追施苗肥、薹肥，一般亩追施尿素 5 千克。

初花期（花蕾形成期）选择晴天下午，亩用 0.1% 硼砂肥液喷施油菜叶面，避免"花而不实"现象。

6. 适时播种

机播油菜适宜播期为 9 月底至 10 月初。但油菜生产主要采取稻–油轮作模式，地下水位高，秋季湿润多雨，同时因为土壤湿度较大，机播机具到田间困难，因此，目前，亦已提出油菜晚直播即推迟直播油菜播期至 10 月中下旬，并通过相应的栽培调控措施提高晚播油菜产量，达到避灾救灾的效果。

7. 合理密植

机播油菜密度过大、过小都不适应于机械化收获。行距在 30 厘米以上的条直播油菜更有利于收割机分禾，作业性能明显优于散直播和移栽油菜。

8. 科学田管

利用机动喷雾器对机播油菜田块进行病、虫、草害防治。播种后出苗前用乙草胺防治双、单子叶杂草。油菜 4～5 叶期、杂草 2～4 叶期时，每亩用 17.5% 块刀乳油 100～140 毫升对水 30～40 千克均匀喷雾杂草茎叶。苗期亩用 10% 吡虫啉可湿性粉剂 1 500 倍液喷雾防治菜青虫和蚜虫；在初花期每亩使用 36% 甲基硫菌灵悬浮剂 1 500 倍液喷雾防治油菜菌核病，间隔 7 天再用药 1 次；在油菜青荚期选择晴天下午，亩用 10% 吡虫啉 20 克对水 40 千克喷雾防治蚜虫。

9. 适时收获

（1）收获方式。油菜机械化收获主要有两种方式，分别为联合收获和分段收获。①联合收割。联合收获是用联合收割机在田间一次完成切割、脱粒、清选等工序。最大特点是高效、省工、省时、省力，极大地减轻了劳动强度，缩短了收获时间，尤其在气候条件不好的情况下，有利于进行抢收。②分段收获。分段收获是先用人工或割晒机将油菜割倒，铺放在田间晾晒，再由人工或者捡拾机械进行捡拾脱粒。该收获法充分利用作物的后熟作用，可提前收割，延长了收割期，对油菜植株形态不敏感、籽粒饱满、收获损失率小、产量有所提高。

（2）收获机具。油菜完熟期，于早、晚或阴天进行机械化收获，目前，可用于油菜机械化收获的机具较多，应根据当地情况、田块大小选择合适的油菜收割机。①联合收获。目前，湖州市研制的中机南方 4LZ（Y）－2.0 型、湖州丰源 4LZ（Y）－1.5 型，湖州思达 4LZ（Y）－2.0 型、星光农机至尊 4LL－2.0 和 4LZY－2.2Z 等油菜联合收割机，从性能上看，其破碎率、含杂率和总损失率等主要指标已有明显改善，其中，总损失率低于 10% 以下，个别机型总损失率接近 7%，能够满足油菜收获的要求。②分段收获。对于人工割晒、捡拾、喂入脱粒机进行机械脱粒的分段收获方式，机具的选择主要体现在脱粒机的选取方面。目前，可供选择的机型亦较多，如成丰 5GQT－76 型、扬田牌、5TD－48 型等油菜脱粒机。

对于机械割晒、机械捡拾脱粒的分段收获方式，华中农业大学试验研制的 4SY－1.8 型油菜割晒机结构合理，能满足油菜分段收获的要求，达到有效延长油菜收获期、减低油菜损失率并提高生产效益的目的；南京农业机械化研究所设计了与联合收获机底盘配套、适合于我国南方小面积移栽油菜的 4SY－2 型自走式油菜割晒机，并通过田间试验表明，油菜割晒作业时茎秆铺放角小于或等于 30°、铺放角度差小于或等于 15，割晒总损失率小于或等于 2%；同时，张连奇等还研制出适合 8.82 千瓦以上手扶拖拉机配套使用的手扶油菜割晒机，周建强等研究出轮式电动油菜割晒机，这两种机型适合在我国南方地区小型手扶拖拉机比较普遍及油菜种植田块狭小的区域使用。

南京农业机械化研究所设计并试验了 4YJ - 1.8 型履带式油菜捡拾脱粒机，该机可将油菜捡拾后输送到联合收获机内完成脱粒分享清选，该机作业效率 5~8 亩/小时，损失率小于 4%。同时，南京农业机械化研究所还设计研制了 4YJ - 2.5 型轮式油菜捡拾脱粒机，经过测试表明该机具理论作业效率达到 20~22 亩/小时，实际作业效率 8~10 亩/小时。

（3）收获时期。①联合收获。油菜联合收获对收获时期要求较严，既不能偏早也不能偏晚，适时收获是保证油菜单产提高的关键。因此，联合收割的最佳收获时期是在油菜籽到八至九成熟时，一般应比人工收割晚 3~5 天，适割期表现为：全田植株叶片基本落光，角果黄熟，籽粒深褐色，侧枝角果籽粒浅褐色。为避免角果炸裂而增大割台损失，作业时应避免中午高温时段，实行"早开始、午停机、晚收工"的方法。②分段收获。油菜分段收获的最适收割时期是在全株七至八成的角果呈黄绿至淡黄色，籽粒由绿色转为红褐色时，油菜收割应在早晨带露水收割，收割时做到轻割、轻放，以防角果角落粒。油菜晾晒不可太干，否则暴壳多、损失大，一般收割后堆放 3~6 天后，选择早晚或阴天，避开中午气温最高时，利用人工或捡拾机械脱粒风净，完成收获过程。在人工捡拾喂入时要均匀、适量，喂入过多容易堵塞，过少则影响工效。

四、油菜"一菜两用"优质高产栽培技术

（一）产量目标及构成

1. 产量目标
油菜籽产量 150 千克/亩，油菜薹产量 300 千克/亩。

2. 产量构成

每亩 7 000～8 000 株，每株油菜籽产量21.4克，油菜薹产量42.8克。

（二）生产技术措施

1. 产地环境条件

（1）产地要求。土质肥沃、土壤耕层深厚、保肥保水能力强；排灌方便；土壤中性或弱酸碱性为宜，不要选择强酸或强碱土壤；光照条件良好。

（2）保优防杂。连片规模种植，一乡一品，集中连片种植；不插花栽植其他异质品种，确保品质优良；严禁重茬，育苗地选择1～2年内未种过油菜或其他十字花科作物的地块作苗床；播种、收获、脱粒、扬晒和进仓等过程中严防机械混杂。

2. 选用优质双低品种

选用双低高产、生长势强，整齐度好、抗病能力强的优质油菜品种，如丰油系列、湘杂油系列、华油杂系列、中油杂系列等双低油菜品种。

3. 育苗

（1）苗床准备。苗床要求土质松软肥沃，排灌方便，地势平坦，苗床与大田比例按1∶5留足面积。播种前耕耙1～2次。厢面宽度150厘米，厢沟宽30厘米，深15厘米，并开好中沟和围沟，达到土细厢平，三沟配套。结合整地，每亩底施有机肥1 000千克、25%复混肥40千克、硼砂1千克。

（2）播种。9月上旬抢墒播种。每亩用种量0.4千克，均匀撒播，并盖上一层细土，如遇秋旱播种，还应在上面覆盖薄薄一层稻草，泼足水分，待2～3天种子开始萌芽时泼足水分，同进揭掉稻草。

（3）间苗、定苗：第一次间苗在齐苗后1处真叶时，疏理丛

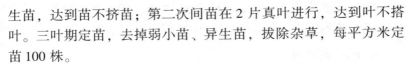

生苗，达到苗不挤苗；第二次间苗在 2 片真叶进行，达到叶不搭叶。三叶期定苗，去掉弱小苗、异生苗，拔除杂草，每平方米定苗 100 株。

（4）化学调控：三叶期叶面每亩用 15% 多效唑 50 克对水 50 千克，均匀喷在叶面上。

（5）防虫：对苗期害虫蚜虫和菜青虫，有吡虫灵 20 克对水 40 千克或用 80% 敌敌畏乳油 3 000 倍液喷杀。

（6）抗旱保苗：遇到干旱要结合追肥抗旱保苗，保持苗床湿润。

（7）追施送嫁肥：移栽前一周，每亩苗床追施尿素 4 千克。

4. 移栽

（1）移栽苗素质：苗高 18～20 厘米、绿叶 7～8 片，根颈粗 0.5～0.6 厘米，无高脚，叶片厚，叶柄短，矮壮无病虫。

（2）大田耕整。前茬收获后抢时间耕翻，做到土细田平，拉绳开沟做厢。厢面宽度 120 厘米，厢沟宽 30 厘米，深 20 厘米，中沟宽 40 厘米，深 30 厘米，围沟宽 40 厘米，深 35 厘米，达到三沟配套。

（3）大田配方施肥。每亩施有机肥 2 000 千克、无机肥纯氮 16 千克、五氧化二磷 5 千克、氯化钾 8 千克、硼砂 1.5 千克。氮肥按底肥、苗肥、腊肥 6：2：2，磷、钾、硼一次性作底肥。

（4）移栽。移栽期为 10 月中旬。拔苗前 1 天浇透水，使土壤湿润，用小铲取苗，尽量少伤叶和根系，多带护根泥土。每厢栽 4 行，行距 37～38 厘米，株距 25～26 厘米，每亩栽 6 000～7 000 株。大小苗分级移栽，做到行栽直、苗栽匀、根栽直、棵栽稳。浇定根水：油菜移栽后，结合浇定根水，每亩用尿素 3 千克对水施定根肥，缩短缓苗期，促苗生长。

5. 大田苗期管理

（1）追施提苗肥：成活返青后，每亩用尿素 7.5 千克追施提苗肥。

（2）喷施除草剂：油菜成活后 5～7 天，用除草剂除草。

（3）防治蚜虫、菜青虫：发现虫害即组织防治。

6. 越冬期管理

（1）增施有机肥：防冻害，每亩施用草木灰 100 千克或其他有机肥，覆盖行间和油菜根茎端，防冻保暖。

（2）追施薹肥，油菜摘薹前 5～7 天，每亩施用尿素 10 千克，雨前撒施最好。

（3）冬至苗素质要求：单株绿叶 11～13 片，根颈粗 1.5 厘米左右，叶面积至数 2.5 厘米。

7. 摘薹

（1）摘薹时期。当薹高达 25～30 厘米时，摘薹 15～20 厘米，基部留 10 厘米。

（2）技术要求。用小刀片平等切割，先抽薹先摘，后抽薹后摘，切忌大小一起摘。

（3）菜薹采摘后去掉老叶，以 0.5 千克一捆迅速进入市场。

8. 薹花期管理

（1）防治渍害。立春后要疏通三沟，排明水滤暗水。

（2）薹期喷硼。摘薹后再分枝的薹抽薹期至初花期，每亩用 0.2% 硼砂溶液 50 千克叶面喷雾。

（3）防治菌核病。每亩用 50% 菌核净可湿性粉剂 100 克，对水 60 千克选择晴天下午喷施，喷施在植株中下部茎叶上。

9. 成熟期收割

（1）收获时期。终花后 30 天左右，当全株 2/3 角果呈黄绿色，主轴茎部角呈枇杷色，种皮黑褐色时，为适宜收割期，即所谓的"八成熟，十成收"。

（2）脱粒。收割后或捆摊于田埂或堆垛后熟，3～4 天后抢晴摊晒，脱粒，晒干扬净后及时入库或上市销售。

五、西北春油菜优质高产栽培技术

春油菜在西北或北方地区具有投入少、效益高的特点，其种植面积迅速扩大，在青海省已经成为第一大种植作物，相应地带来了油菜在农业生产中地位的提高。

（一）中国春油菜的主要生育特点

中国春油菜的主要生育特点：

第一，表现在生育期显著缩短，如甘蓝型冬油菜生育期一般在 200 ~ 240 天，春油菜甘蓝型品种生育期仅 110 ~ 125 天。

第二，春油菜种子萌发对温度要求较冬油菜低。冬油菜播种时气温和地温均在12℃以上。春油菜地区一般地温达到4℃以上，土壤相对含水量超过56%时，种子便吸水开始萌动发芽。在长期的自然选择下，产生一批能在 3℃左右萌动发芽的品种。

第三，春油菜幼苗期显著缩短。冬油菜苗期可达 100 ~ 120天，春油菜苗期仅 13 ~ 40 天。

第四，春油菜现蕾开花期是处在一年中气温最高的季节，也是降水较多的季节，对植株营养器官生长和开花都十分有利。这时油菜生长速度最快，吸收水分养分也最多。春油菜高产要特别重视壮苗和蕾花期追肥。

第五，春油菜角果发育阶段，处在秋高气爽、气温逐渐下降的相对低温条件下，一般水分充足，日照充足，昼夜温差大，角果发育期相对较长，发育比较充分，有利于油脂的形成和积累。一般千粒重较大，种子含油量较高。

（二）春油菜的优质高产栽培技术

1. 建立隔离区

优质春油菜生产需要建立隔离区，可采取自然屏障隔离，和不同作物（如小麦）隔离，如用不同作物隔离，则隔离距离应适当加大。

2. 选择适合春油菜生态区的品种

品种的基本要求是春性强、生命期短、全生育期所需积温较少，耐寒性强，丰产性好，品质合格。

3. 确定有利的播种时间

早播可充分利用 4 月下旬和 5 月份的气温，延长营养期和开花期，植株发育充分，增加干物质积累，促进开花以后的稳健生长，而且早播墒情足，病虫为害少，达到苗全苗壮，后期枝条多、果多。在西藏、青海的高寒山区，必须将油菜一生需要高温的开花期安排在当地温度最高的 7 月份，才能正常通过开花阶段，既可满足花期对高温的要求，又能使苗期和发育阶段在比较稳定的较低温条件下度过，使苗期的营养生长与角果发育期的物质积累和转化都能充分进行。

4. 确定合理的种植密度

春油菜区与冬油菜区相比，气温较低，湿度较小，日照较长较强，油菜田间生长过程较短，因此种植密度应高些。近年来，春油菜区对甘蓝型油菜高产田块种植密度的研究，凡每亩产量 250 千克以上田块，每亩株数为 1 万～3 万，最高产量多出现在 1.5 万株左右的田块。

5. 巧施种肥

一般每亩施过磷酸钙 15 千克、尿素 15 千克，播前与适量有机肥混合做成粒肥，随种播下，如用氮、磷、钾复合肥效果更好。使用中注意尽量减少过磷酸钙、尿素等易溶化肥与种子接触，以免伤害种子。如单独使用尿素做种肥，每亩用量应在 2.5 千克以上，否则将明显降低出苗率。

6. 适时收获

中国春油菜区气候在油菜成熟季节多变，灾害性天气频繁，

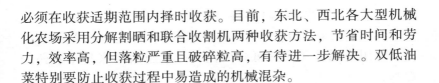

必须在收获适期范围内择时收获。目前，东北、西北各大型机械化农场采用分解割晒和联合收割机两种收获方法，节省时间和劳力，效率高，但落粒严重且破碎粒高，有待进一步解决。双低油菜特别要防止收获过程中易造成的机械混杂。

六、旱地油菜优质高产栽培技术

旱地油菜生产可分为育苗移栽和直播。育苗移栽的适宜播期为 9 月 15 ~ 25 日，直播的播种期比移栽推迟 7 ~ 10 天。

（一）　育苗移栽

1. 苗床管理

（1）苗床选择。选择背风向阳、排灌方便、地势平坦、肥沃疏松、靠近大田且两年未种十字花科作物的沙壤土或易于整细的旱地作苗床。苗床面积与大田面积比例为 1：6，每亩苗床播种 0.5 千克左右种子。

（2）苗床施肥。苗床应施足底肥，以腐熟的人、畜粪尿和磷肥、钾肥及硼肥为主。每亩用腐熟的人畜粪 1 000 ~ 1 500 千克，尿素 5 千克，过磷酸钙 25 千克，氯化钾 5 千克，硼砂 1 千克，草木灰或堆渣肥 100 千克，均匀泼、撒在厢面上，耙入土中，做到土、肥混合均匀。

（3）苗床整地。精细整地，做到"细、平、实"，保证播种时落籽均匀，深浅一致。苗床按 1.3 ~ 1.7 米开沟作厢，以便田间管理。

（4）定量播种。分厢定量，稀撒匀播。播前晒种 4 ~ 6 小时，提高种子的活力，将种子分厢定量并拌适量的草木灰均匀撒播。

（5）间苗定苗。齐苗后第一次间苗，将拥挤成丛的苗拔去，做到苗不挤苗。有一片真叶时第二次间苗，保持苗距 3 ~ 6 厘米，做到苗与苗之间叶不搭叶。有 3 片真叶时定苗，保持苗距 8 ~ 9 厘米，每平方米留苗 100 ~ 120 株。

（6）病虫害防治。早治、勤治，移栽前一天全面防治 1 次。药剂施用遵循施用高效低毒农药，严禁施用国家禁用农药的原则。

2. 移栽田间管理

（1）整地技术。移栽时视土质情况可翻耕整地后移栽或免耕移栽。翻耕整地移栽须在前期作物收获后深秋或深松，耙平、耙细或旋耕 1 ~ 2 次，除去油菜及其他十字花科作物自生苗，防止对移栽的油菜苗造成混杂；免耕移栽须施用除草剂，除去其他十字花科作物自生苗，除草剂施用高效低毒除草剂，严禁施用国家禁用除草剂。

（2）移栽技术。苗龄 25 ~ 35 天、绿叶数 6 ~ 7 片进移栽，取苗前一天浇湿苗床。移栽时严格要求"三带""三要""三边"和"四栽四不栽"。即带泥、带肥、带药到本田；行要栽直，根要栽稳，苗要栽正；边取苗，边移栽，边浇定根水；大小苗分栽不混栽，栽新鲜苗不栽隔夜苗，栽直根苗不栽弯根苗，栽壮苗不栽弱苗。宽窄行单株栽种，宽行 50 厘米，窄行 30 厘米，根据留苗密度要求确定株距。

（3）施肥技术。①底肥：腐熟的人畜粪水、沟肥、堆肥、厩肥、土杂肥、饼肥等农家肥和化学磷肥及硼肥均作底施；化学钾肥 60% 作基肥底肥，40% 作腊肥追施；化学氮肥 50% ~ 60% 作基肥底施，其余作追肥施用。②氮肥：根据土质情况，氮素追肥可分成三次或两次施用，即返青肥 – 腊肥 – 薹肥或返青肥 – 腊肥，前者比例为 20：70：10，后者的比例为 25：75。12 月下旬腊肥与 40% 钾肥一起追施。③磷肥：每亩用过磷酸钙 50 千克与有机渣肥、钾肥、硼砂混匀基肥底施。④钾肥：每亩用氯化钾 6 千克与有机渣肥、磷肥、硼砂混匀基肥底施。12 月下旬腊肥每亩用氯化钾 4 千克与氮肥一起追施。⑤硼肥：每亩用硼砂 1 千克与有机渣肥、磷钾肥混匀基肥底施。在薹高 17 厘米时用叶面硼肥 0.1 千克对水 50 千克进行叶面喷施 1 次，叶面喷施选择晴天下午为宜。⑥复合肥：采用专用复合肥。每亩用总肥量 50% 的油菜专用复混肥 25 ~ 28 千克混合农家肥基肥底施，不再施用除硼肥外的其他化肥。12 月下旬每亩用总肥量 50% 的油菜专用复混肥 25 ~ 30 千克进行腊肥追施。

（二）直播

1. 整地技术

前期作物收获后，用秸秆粉碎还田机将秸秆粉碎再旋耕灭茬还田 1 次，也可使用具有相同功能的复式机具作业。少免耕直播要求前期作物的留茬高度：玉米≤30 厘米，或者只对油菜种植带进行条带耕整 1 ~ 2 次。

2. 播种技术

条播或撒播或机播，播种量 180 克左右，根据不同品种特性和田间实际状况，合理调节播种量，播种适期内，如墒情稍差，采用"三湿"播种，即用适量水湿沟补墒，浸种 6 小时，并与湿土杂肥拌匀播种。机播可选择 2BS - 2 型旱地轻型油菜播种机直播。

3. 施肥技术

田间施肥量和施肥方法同育苗移栽的施肥量和施肥方法。

4. 杂草防治

播种后 2 天用 50% 乙草胺 60 毫升对水 40 千克喷施。油菜出苗后，要根据苗情及草情，一般在杂草 3 叶前用药防除。

5. 菌核病防治

油菜盛花期至终花期叶病株率达 10% 以上，茎叶病株率在 1% 以下是进行药剂防治的时期。采用 80% 超威多菌灵可湿性粉剂 1 000 倍液叶面均匀喷施，或用 40% 菌核净可湿性粉剂 800 倍液叶面均匀喷施，每亩用药量 40 克。

6. 除杂扣纯

结合间苗、定苗田间管理，除去弱苗、病苗、杂苗。在追施腊肥和薹肥前，结合除草，去掉其他十字花科作物。

（三）收获与贮藏要点

1. 适期收获

终花后 30 天左右，当主花序角果、全株、全田角果现黄，主轴基部角果呈枇杷色，种皮呈黑褐色时，即应收获。油菜收割应在早晨带露水收割，收割时做到轻割、轻放，以防角果裂角落粒。

机械收获可推迟 5～7 天收获，可适用适合旱地油菜收获的金阳豹 4LYZ–1.4 型或久保田或沃得等直喂入式油菜联合收割机进行机构质量要求总损失率不大于 8%，含杂率不大于 6%，破碎率不大于 0.5%。

2. 脱粒与贮藏

收割后在地里晾晒 4～5 天即可脱粒，选择晴朗的天气进行，脱粒时搞好油菜籽碾打、脱粒、扬净。同一品种油菜须实行单收割、单脱粒、单晾晒，菜籽含水量降至 9%～10% 后进仓单单独贮藏，防止不同品种油菜籽混收混贮。袋装每袋 75 千克，籽粒水分 8% 以下时可堆放 10 包高，散装可堆放 1.5～2.0 米高；籽粒水分 8%～10% 时袋装可堆放 7～9 包高，散装可堆放 1.0～1.5 米高。

模块六　油菜规模生产成本核算与产品销售

一、油菜生产补贴与优惠政策

近年来，确保我国粮油安全，提高粮油生产的自给率，是事关国民经济稳定发展、社会安定团结的大事。2015 年国家深化农村改革、支持粮食生产、促进农民增收最新出台的政策措施有 50 项，其中与油菜生产有关有：

1. 农资综合补贴政策

2015 年 1 月份，中央财政已向各省（区、市）预拨种农资综合补贴资金 1 071亿元。

2. 良种补贴政策

油菜每亩补贴 10 元。

3. 农机购置补贴政策

中央财政农机购置补贴资金实行定额补贴，即同一种类、同一档次农业机械在省域内实行统一的补贴标准。

4. 农机报废更新补贴试点政策

农机报废更新补贴标准按报废拖拉机、联合收割机的机型和类别确定，拖拉机根据马力段的不同补贴额从 500 元到 1.1 万元不等，联合收割机根据喂入量（或收割行数）的不同分为 3 000 元到 1.8 万元不等。

5. 产粮（油）大县奖励政策

常规产粮大县奖励标准为 500 万 ~ 8 000万元，奖励资金作为一般性转移支付，由县级人民政府统筹使用，超级产粮大县奖励资金用于扶持粮食生产和产业发展。在奖励产粮大县的同时，中央财政对 13 个粮食主产区的前 5 位超级产粮大省给予重点奖励，其余给予适当奖励，奖励资金由省级财政支出，用于支持本省粮食生产和产业发展。

6. 农产品目标价格政策

2015 年，探索粮食、生猪等农产品目标价格保险试点，开展粮食生产规模经营主体营销贷款试点。

7. 农业防灾减灾稳产增产关键技术补助政策

中央财政安排农业防灾减灾稳产增产关键技术补助 60.5 亿元，在主产省实现了小麦"一喷三防"全覆盖。

8. 深入推进粮棉油糖高产创建支持政策

2015 年，国家将继续安排 20 亿元专项资金支持粮棉油糖高产创建和整建制推进试点，并在此基础上开展粮食增产模式攻关，集成推广区域性、标准化高产高效技术模式，辐射带动区域均衡增产。

9. 测土配方施肥补助政策

2015 年，中央财政安排测土配方施肥专项资金 7 亿元。2015 年，农作物测土配方施肥技术推广面积达到 14 亿亩；粮食作物配方施肥面积达到 7 亿亩以上；免费为 1.9 亿农户提供测土配方施肥指导服务，力争实现示范区亩均节本增效 30 元以上。

10. 土壤有机质提升补助政策

2015 年，中央财政安排专项资金 8 亿元，继续在适宜地区推广秸秆还田腐熟技术、绿肥种植技术和大豆接种根瘤菌技术，同时，重点在北方粮食产区开展增施有机肥、盐碱地严重地区开展土壤改良培肥综合技术推广。

11. 农产品追溯体系建设支持政策

经国家发改委批准，农产品质量安全追溯体系建设正式纳入《全国农产品质量安全检验检测体系建设规划（2011—2015年)》，总投资 4 985 万元，专项用于国家农产品质量安全追溯管理信息平台建设和全国农产品质量安全追溯管理信息系统的统一开发。

12. 农业标准化生产支持政策

中央财政继续安排 2 340 万财政资金补助农业标准化实施示范工作，在全国范围内，依托"三园两场"、"三品一标"集中度高的县（区）创建农业标准化示范县 44 个。

13. 国家现代农业示范区建设支持政策

对农业改革与建设试点示范区给予 1 000 万元左右的奖励。力争国家开发银行、中国农业发展银行今年对示范区建设的贷款余额不低于 300 亿元。

14. 农产品产地初加工支持政策

2015 年，将继续组织实施农产品产地初加工补助项目，按照不超过单个设施平均建设造价 30% 的标准实行全国统一定额补助。

15. 培育新型职业农民政策

2015 年，农业部将进一步扩大新型职业农民培育试点工作，使试点县规模达到 300 个，新增 200 个试点县，每个县选择 2~3 个主导产业，重点面向专业大户、家庭农场、农民合作社、农业企业等新型经营主体中的带头人、骨干农民。

16. 基层农技推广体系改革与示范县建设政策

2015 年，中央财政安排基层农技推广体系改革与建设补助项目 26 亿元，基本覆盖全国农业县。

17. 阳光工程政策

2015 年，国家将继续组织实施农村劳动力培训阳光工程，以提升综合素质和生产经营技能为主要目标，对务农农民免费开展专项技术培训、职业技能培训和系统培训。

18. 培养农村实用人才政策

2015 年依托培训基地举办 117 期示范培训班，通过专家讲课、参观考察、经验交流等方式，培训 8 700 名农村基层组织负责人、农民专业合作社负责人和 3 000 名大学生村官。选拔 50 名左右优秀农村实用人才，每人给予 5 万元的资金资助。

19. 发展新型农村合作金融组织政策

2015 年，国家将在管理民主、运行规范、带动力强的农民合作社和供销合作社基础上，培育发展农村合作金融，选择部分地区进行农民合作社开展信用合作试点，丰富农村地区金融机构类型。国家将推进社区性农村资金互助组织发展，这些组织必须坚持社员制、封闭性原则，坚持不对外吸储放贷、不支付固定回报。国家还将进一步完善对新型农村合作金融组织的管理体制，明确地方政府的监管职责，鼓励地方建立风险补偿基金，有效防范金融风险。

20. 农业保险支持政策

对于种植业保险，中央财政对中西部地区补贴 40%，对东部地区补贴 35%，对新疆生产建设兵团、中央单位补贴 65%，省级财政至少补贴 25%。中央财政农业保险保费补贴政策覆盖全国，地方可自主开展相关险种。

21. 扶持家庭农场发展政策

推动落实涉农建设项目、财政补贴、税收优惠、信贷支持、抵押担保、农业保险、设施用地等相关政策，帮助解决家庭农场发展中遇到的困难和问题。

22. 扶持农民合作社发展政策

2015 年，除继续实行已有的扶持政策外，农业部将按照中央

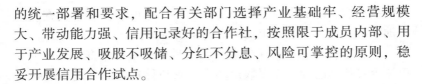

的统一部署和要求，配合有关部门选择产业基础牢、经营规模大、带动能力强、信用记录好的合作社，按照限于成员内部、用于产业发展、吸股不吸储、分红不分息、风险可掌控的原则，稳妥开展信用合作试点。

23. 健全农业社会化服务体系政策

明确政府购买社会化服务的具体内容、衡量标准和运作方式，提出支持具有资质的经营性服务组织从事农业公益性服务的具体政策措施。

24. 完善农村土地承包制度政策

2015年，选择3个省作为整省推进试点，其他省（区、市）至少选择1个整县推进试点。

二、油菜生产市场信息与生产决策

市场经济就是一切生产经营活动都需要围绕市场转，生产什么、市场多大、卖价多少，都需要根据市场调研后才能作出正确决策，以取得良好的经济效益。

（一）农产品市场调研

农产品市场调研就是针对农产品市场的特定问题，系统且有目的地收集、整理和分析有关信息资料，为农产品的种植、营销提供依据和参考。

1. 农产品市场调查的内容

（1）农产品市场环境调查。主要了解国家有关油菜生产的政策、法规，交通运输条件，居民收入水平、购买力和消费结构等。

（2）农产品市场需求调查。一是市场需求调查。国内外在一定时段内对油菜产品的需求量、需求结构、需求变化趋势、需求者购买动机、外贸出口及其潜力调查。二是市场占有率调查。是指油菜产品加工企业在市场所占的销售百分比。

（3）农产品调查。主要调查：一是产品品种调查。重点了解市场需要什么品种，需要数量多少，农户种植的品种是否适销对路。二是产品质量调查。调查产品品质等。三是产品价格调查。调查近几年油菜种植成本、供求状况、竞争状况等，及时调整生产计划，确定自己的价格策略。四是产品发展趋势调查。通过调查油菜产品销售趋势，确定自己的投入水平、生产规模等。

（4）农产品销售调查。一是产品销路。重点对销售渠道，以及产品在销售市场的规模和特点进行调查。二是购买行为。调查企业对农产品的购买动机、购买方式等因素。三是农产品竞争。调查竞争形势，即油菜生产的竞争力和竞争对手的特点。

2. 农产品市场调查方法

主要是收集资料的方法，一是直接调查法，主要有访问法、观察法和实验法。二是间接调查法或文案调查法，即收集已有的文献资料并整理分析。

（1）文案调查法。就是对现有的各种信息、情报资料进行收集、整理与分析。主要有 5 条途径。①收集农产品经营者内部资料。主要包括不同区域与不同时间的销售品种和数量、稳定用户的调查资料、广告促销费用、用户意见、竞争对手的情况与实力、产品的成本与价格构成等。②收集政府部门的统计资料和法规政策文件。主要包括政府部门的统计资料、调查报告，政府下达的方针、政策、法规、计划，国外各种信息和情报部门发布的消息。③到互联网上收集信息。可以经常关注中国农产品市场网、中国农业信息网、中国惠农网等。④到图书馆收集信息。借阅或查阅有关图书、期刊，了解油菜生产情况。⑤观看电视。收看电视新闻节目，了解政府最新政策动向和市场环境变化情况；可以关注 CCTV7 农业频道的有关油菜生产、销售的新闻节目和专题节目。

（2）访问法。事先拟定调查项目或问题以某种方式向被调查者提出，并要求给予答复，由此获得被调查者或消费者的动机、意向、态度等方面信息。主要有面谈调查、电话调查、邮寄调查、日记调查和留置调查等形式。

（3）观察法。由调查人员直接或通过仪器在现场观察调查对象的行为动态并加以记录而获取信息的一种方法。有直接观察和测量观察。

（4）实验法。是指在控制的条件下对所研究现象的一个或多个因素进行操纵，以测定这些因素之间的关系。如包装实验、价格实验、广告实验、新产品销售实验等。

3. 市场调研资料的整理与分析

市场调研后，要对收集到的资料数据进行整理和分析，使之系统化、合理化和简单化。

（1）市场调研资料整理与分析的过程。首先，要把收集的数据分类，如按时间、地点、质量、数量等方式分类；其次，对资料进行编校，如对资料进行鉴别与筛选，包括检查、改错等；第三，对资料进行整理，进行统计分析，列成表格或图式；第四，从总体中抽取样本来推算总体的调查带来的误差。

（2）市场调研数据的调整。在收集的数据中，由于非正常因素的影响，往往会导致某些数据出现偏差。对于这些由于偶然因素造成的、不能说明正常规律的数据，应当进行适当地调整和技术性处理。主要有剔除法、还原法、拉平法等。

（3）应用调研信息资料的若干技巧。市场调研获得信息后，就要进行利用。下面介绍利用市场调研信息进行经营活动的一些技巧。①反向思维。就是按事物发展常规程序的相反方向进行思考，寻找利于自己发展，与常规程序完全不同的路子。这一点在农产品种植销售更值得思考，农民往往是头一年那个产品销售的好，第二年种植面积就会大幅度增减，造成农产品价格大幅度下降，出现"谷贱伤农、菜贱伤农"等现象。如当季农产品供过于求时，价格低廉可将产品贮藏起来，待产品供不应求时卖出，以赚取利润。②以变应变。就是及时把握市场需求的变动，灵活根据市场变动调整农产品种植销售策略。③"嫁接"。就是分析不同地域的优势和消费习惯，把其中能结合的连接起来，进行巧妙"嫁接"，从中开发新产品、新市场。如特种玉米的种植，可采取特殊加工进行新产品开发和销售。④"错位"。就是把劣势变成优势开展经营。如农产品中的反季节种植与销售。⑤"夹缝"。就是寻找市场的空隙或冷门来开展经营。农产品生产经营易出现农户不分析市场信息，总是跟在别人后面跑，追捧所谓的热门，结果出现亏本。寻找市场空隙和冷门对生产规模不大的农产品经营者很有帮助。⑥"绕弯"。就是用灵活策略去迎合多变的市场需求。可将农产品进行适当的加工、包装后，就有可能获得大幅度增值。

（二）农产品市场需求预测

市场需求受到多种因素的影响，如消费者的人数、户数、收入高低、消费习惯、购买动机、商品价格、质量、功能、服务、社会舆论和有关政策等，其中，最主要的因素是人口、购买动机和购买力。

1. 市场需求量的估测

根据人口、购买动机和购买力这3个影响市场需求的主要因素，可以得到一个简单而实用的公式：

市场需求 = 人口 + 购买力 + 购买动机

2. 根据购买意图进行预测

有两种方法：直接预测和间接预测。

（1）直接预测。主要是通过问卷调查法、访问调查法等，预测在既定条件下购买者可能的购买行为：买什么？买多少？如表就是通过问卷直接调查预测消费者打算购买专用小麦的支出占伙食开支的比例。

表　购买意向概率调查

未来一个月内，你打算购买专用小麦的支出占你的伙食开支的比例是多少？请在相应的空格栏打√

0	0～0.1	0.1～0.2	0.2～0.3	0.3～0.4	0.4～0.5

（2）间接预测。主要有以下方法：一是销售人员意见调查。由企业或合作社召集销售人员共同讨论，最后提出预测结果的一种方法。二是专家意见法。邀请有关专家对市场需求及其变化进行预测的一种方法。三是试销法。把选定的产品投放到经过挑选的有代表性的小型市场范围内进行销售实验，以检验在正式销售条件下购买者的反应。另外还有趋势预测法和相关分析法，这两种方法需要专业人员进行预测分析。

（三）中国油菜生产面临的问题与种植决策

1. 市场需求分析

（1）国内外植物油需求不断增长。2003年以来，全球植物油消费大幅增长，2007年，全世界植物油消费量超过1.2亿吨，年均增长5.4%。据联合国粮农组织预计，全球植物油消费量未来还将持续增长，2015年将达到1.47亿吨，年均增长2.7%。据国家粮油信息中心统计，2003年以来，国内植物油消费量大幅增加，年均增长5.7%；2007年度国内消费总量为2 235万吨，人均植物油消费为16.6千克；进口植物油已占消费总量50%以上，占全球油料贸易总量的28.2%。预计到2015年我国人均植物油年消费量将达到21.6千克，需求总量将达3 200万吨，年均增长5.4%。

（2）菜籽油消费需求增长强劲。"双低"菜籽油营养全面，全球消费增长强劲，2003年度为1 234万吨，2007年度达1 802

万吨，年均增长 9.2%，是所有大宗植物油中增长速度最快的。菜籽油也是国内自产的第一大植物油，年均总产约 450 万吨，占国产植物油总量的 40% 以上，占国内总消费量的 19.7%。长江流域等是菜籽油的传统消费区，拥有 6 亿以上消费人群，按全国平均消费水平计算，大约需要 1 000 万吨菜籽油才能满足消费需求。目前，可供国产菜籽油还不能满足一半，需求缺口在 500 万吨以上，只能以其他食用油替代。随着油菜品质的进一步改良，菜籽油的需求量还将进一步增长。

（3）植物油未来供需矛盾仍然突出。在我国植物油供给中进口部分已经超过一半，预计未来较长时期内，我国植物油供给仍将呈现国内供给严重不足、进口供给压力增加的紧张局面。由于受资源、环境和气候条件的限制，世界油料作物播种面积增加潜力有限，受发达国家能源政策影响，玉米面积将进一步扩大，油料生产面积可能下滑。据联合国粮农组织预计，到 2015 年，全球油料作物总产为 1.46 亿吨，年均增长 2.5%，消费量的增幅却达 2.7%，植物油将出现 140 万吨的消费缺口。我国受耕地资源限制，为确保国家粮食安全，大规模扩大大豆和花生等夏季油料作物面积的潜力有限。即使扩大冬油菜生产的规模，也难以满足消费增长的需要。

2. 发展优势与潜力

（1）面积扩展有空间。据统计，长江流域现有可利用冬闲耕地 9 000 多万亩，此外还有滩涂荒地约 3 000 万亩可以利用，合计可利用面积 1.2 亿多亩。油菜不与水稻、玉米等夏季粮食作物争地，而且种植油菜后的土壤有机质增加，有利于后茬作物生长。通过不断完善农田水利建设、筛选和应用早熟品种、逐步提高机械化生产水平，冬闲耕地将进一步得到开发利用。预计到 2015 年，利用长江流域丰富的冬季闲田资源，再扩大 4 000 万亩以上面积，优势区达到 1.39 亿亩油菜种植规模是切实可行的。

（2）单产提高有潜力。我国油菜杂种优势利用水平处于国际领先地位，长江流域油菜品种杂交化率已达到60%以上，单产水平已经超过加拿大等国家。2005年以来，全国油菜区域试验中，长江上游审定品种平均区试产量约为175千克/亩，长江中游和下游区已接近200千克/亩的水平，部分新品种的高产示范达到250千克/亩左右，抗病性、抗逆性显著提高。随着这些品种与高产栽培配套技术的推广，优势区域油菜单产可望在2015年达到138千克/亩。

（3）品质改善有基础。"双低"油菜品质优良，低芥酸菜油脂肪酸组成均衡，不饱和脂肪酸含量可达90%以上，有利于人类健康；双低饼粕硫甙含量低，蛋白质含量高达35%~45%，氨基酸组成合理，是优质的饲料蛋白。近年来，育种单位在品种选育中，不断降低芥酸和硫甙含量，努力提高油分含量，已经获得了一批具有实用价值的"双低"超高含油量育种材料，部分品种和组合已经超过45%，育成品种的最高含油量已达到49%，为我国商品菜籽含油量达到43%以上奠定了基础。

（4）区域生产有优势。我国油菜籽具有独特的区位优势，长江流域菜籽上市的时间在6—7月，比加拿大春油菜和欧洲冬油菜上市时间早4个月，正是国际市场油菜籽供给的空档期。我国油菜籽产销同区，可就近供应给位于主产区的加工企业，长江流域既是菜籽主产区，又是菜油主销区，降低了运输成本。根据对近5年的加拿大菜籽到岸价（CNF）分析，由于近年石油价格不断攀升，每吨菜籽的海运价格已经占菜籽价格20%以上，完税后的综合成本比国内菜籽高200~300元/吨。

3. 制约因素分析

（1）劳动力成本高。目前，我国油菜生产主要是手工操作，整地、育苗、移栽、除草、施肥、收割、脱粒等生产环节需要投入大量劳动力。随着农村劳动力价格的迅速上涨，用工费用在油菜生产成本中的比重越来越大。据统计，2005年我国每亩育苗移栽油菜用工11.4个，人工费用135元，占生产成本的48%。

（2）生产效益偏低。我国油菜生产规模小、用工多，加上近年来油菜籽市场价格长期低迷，生产效益明显偏低，农民种植积极性不高。有关部门分析结果表明，除去包括劳动力在内的成本后，2001—2005 年每亩油菜生产的收益为 – 16.4 元，明显低于其他作物。

（3）机械化程度低。目前，我国油菜播种、收获等机械研发远远跟不上油菜生产的需要。尤其是油菜收获机都是由小麦收获机简单改造而成，机收损失率高，价格较贵，推广难度大。同时，适合机械收获的抗裂荚、分枝紧凑的早熟高产油菜品种也尚未育成。

（4）良种良法不配套。目前，油菜栽培技术研究机构和人员不断减少，栽培技术研究项目和经费严重不足，导致油菜栽培技术研究明显落后于新品种选育，满足不了当前油菜生产发展的需要。同时，技术推广经费短缺，油菜新技术入户率低，优质高产新品种的增产增效潜力难以发挥，从而影响了"双低"油菜生产的进一步发展。

针对存在的问题，可以从以下 5 个方面解决上述问题：①扩大面积：充分利用长江流域冬闲田、沿海滩涂及与幼龄林木、果树等，间套种发展油菜生产。此外，因地制宜的发展北方冬、春油菜生产。②提高单产：继续选育强优势的杂交组合，一般产量可比现有常规品种提高 15% 以上。现在科学家正选育抗逆性强、高含油的理想株型品种。此外，应采用配套的高产高效的栽培管理措施，发挥产量潜力。③改善品质：提高菜籽含油量、提高油酸含量等可以增加油菜生产效益，从而拉动油菜产业发展；④提高机械化生产水平：用机械化生产代替手工劳动，可实行规模化、标准化种植，降低生产成本，提高劳动生产率。⑤政策建议：近年来农业部为促进油菜生产的发展采取了一系列的惠农政策，如种植补贴、农机补贴、油菜主产县补贴、实施储备收购价和托市收购补贴等。这些政策极大地调动了农民种植油菜的积极

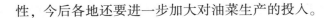

性，今后各地还要进一步加大对油菜生产的投入。

三、油菜生产成本分析与控制

（一）油菜规模生产成本分析

农产品成本核算是农业经济核算的组成部分，通过农产品成本核算，才能正确反映生产消耗和经营成果，寻求降低成本途径，从而有效地改善和加强经营管理，促进增产增收。通过成本核算也可以为生产经营者合理安排生产布局，调整产业结构提供经济依据。

1. 农产品生产成本核算要点

（1）成本核算对象。根据种植业生产特点和成本管理要求，按照"主要从细，次要从简"原则确定成本核算对象。玉米为主要农产品，因此一般应单独核算其生产成本。

（2）成本核算周期。玉米的成本核算的截止日期应算至入库或在场上能够销售。一般规定1年计算1次成本。

（3）成本核算项目。一是直接材料费。是指生产中耗用的自产或外购的种子、农药、肥料、地膜等。二是直接人工费。是指直接从事生产人员的工资、津贴、奖金、福利费等。三是机械作业费。是指生产过程中进行耕耙、播种、施肥、中耕除草、喷药、灌溉、收割等机械作业发生的费用支出。四是其他直接费。除以上三种费用以外的其他费用。

（4）成本核算指标。有两种：一是单位面积成本，二是单位产量成本。单位面积成本为常用。

2. 油菜生产成本核算案例

近两年，农民普遍认为，粮价虽有上升趋势，但生产资料价格上涨更快、幅度更大，种粮成本不断追加，经济效益并没有得到大幅提高。大户规模经营成本的投入尚可接受，而分散小户的种粮积极性还需国家补贴来加以维系。这里逐一对油菜生产成本加以分析，为农户自主选择适栽作物提供参考，亦为政府农补决策的制定提供基础材料。油菜的生产成本项目主要有种子、肥料、药剂、整地、人工费用等。

（1）种子。在油菜种子投入方面，如果每亩1千克，按1千克种子30元计算，需要30元。

（2）肥料。尿素15千克，单价2.4元/千克；过磷酸钙15千克，单价0.9元/千克，硫酸钾10千克，单价3.2元/千克，合计肥料总投入需81.5元。

（3）药剂。除草剂20元；喷药1瓶，6元/瓶，成本约为26元。

（4）整地。翻地、灭茬和趟地等整地成本约为30元。

（5）人工。包含收割50元、播种15元、除草15元、打药10元、追肥15元在内的人工费共需105元。

（6）总生产成本。以上合计生产成本投入总计约272.5元/亩。可见，化肥量和劳动用工量是油菜生产的主要影响因素，人工费用的计量方法将直接影响油菜生产成本和经济效益的核算。

3. 油菜生产效益分析案例

仍以上例为准，按照油菜产量150千克/亩、收购价格2.30元/千克计算，可收入345元/亩。

另外，综合补贴85元/亩以及良种补贴10元/亩等，累计补贴可达95元/亩，可见，良种等补贴既降低了生产成本又增加了经济效益。

去除成本，通过计算可知，1亩净收入约为167.5元。

（二）油菜规模生产控制成本措施

近年来，油菜收购价格明显走低，而农资价格却居高不下，造成种植成本增加，这就决定了农民种粮收益不会太高，给农民

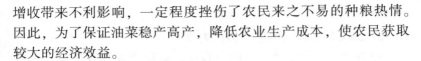

增收带来不利影响，一定程度挫伤了农民来之不易的种粮热情。因此，为了保证油菜稳产高产，降低农业生产成本，使农民获取较大的经济效益。

1. 积极推广油菜优质品种

油菜生产种子是关键，农民最希望能买到高质量优质品种。因此建议有关部门在引进优质品种、推广农业科技上下功夫，利用当地优势，普及优质、高产的油菜品种，提高农业科技含量和市场竞争力。

2. 加强农资生产和市场监管力度

近些年来，化肥、农药、农膜、种子、农用柴油等农资价格的持续上涨直接导致种粮成本的增加，虽然现在农民种粮不但不交税还有补贴，粮价又较早些年大有提高，但农民并没有从中得到多大实惠，农民说粮食涨价涨"零头"，农资涨价涨"块头"，他们一只手得补贴，另一只手又把补贴送给了农资经营者。因此，要继续健全农资服务体系，加大农资市场价格监管力度，控制农资价格过快上涨，切实保护种粮农民的利益。

3. 加快构建新型农业经营体系

当前粮食经营方式面临诸多问题，经营规模小、方式粗放、劳动力老龄化、组织化程度低、服务体系不健全是突出表现。因此要加快构建由种植大户、家庭农场、专业合作组织和农业龙头企业等组成的新型农业经营体系，提升粮食综合生产能力，提高劳动生产率，降低生产成本，增加粮农收入。

4. 加强农田水利基础设施建设

农田水利设施在提高农业综合生产能力方面的重要作用是不言而喻的，特别是发生严重旱情的情况下，其作用就更加突出。目前我国很多地方的农田水利存在着设施老化、质量较差、毁坏严重、投入不足等诸多问题，严重影响着农业生产的发展。所以，继续加大农田水利基础设施建设仍然是今后各级政府一项十分重要的工作任务。

5. 加大农业科研和技术推广力度

在劳动日工价迅速上升的过程中，取得机械技术进步，以较低的机械作业费成本替代劳动，是降低人工成本的有效途径。因此，建议进一步增加预算内农业科研和技术推广投入，深化农业科技推广体制改革，充分发挥农业科技示范场、科技园区、龙头企业、农民专业合作组织和农村致富带头人在农村技术推广中的作用，加快科技成果的转化，最大限度地降低种地成本，实现节能增效。

6. 当好参谋搞好服务

在调整种植结构、优化品种、发展油菜产业方面，政府要当好农民的参谋和助手，要从种子选育入手，在开发和种植新品种上下功夫，合理安排油菜生产，指导农民调整结构，提高经济效益。政府要做好市场前景预测和信息发布，加强动态分析，及时向农民提供各种市场和价格的最新信息，使他们能及早了解各种信息资料，减少不必要的损失，帮助农民增产增收。

（三）油菜规模生产的农业保险

农业保险是专为农业生产者在从事种植业、林业、畜牧业和渔业生产过程中，对遭受自然灾害、意外事故疫病、疾病等保险事故所造成的经济损失提供保障的一种保险。农业保险按农业种类不同分为种植业保险、养殖业保险；按危险性质分为自然灾害损失保险、病虫害损失保险、疾病死亡保险、意外事故损失保险；按保险责任范围不同，可分为基本责任险、综合责任险和一切险；按赔付办法可分为种植业损失险和收获险。《农业保险条例》已经 2012 年 10 月 24 日国务院第 222 次常务会议通过，现予公布，自 2013 年 3 月 1 日起施行。

1. 油菜生产可利用的农业保险

（1）农作物保险。农作物保险以稻、麦、玉米等粮食作物和棉花、烟叶、油菜等经济作物为对象，以各种作物在生长期间因自然灾害或意外事故使收获量价值或生产费用遭受损失为承保责任的保险。在作物生长期间，其收获量有相当部分是取决于土壤环境和自然条件、作物对自然灾害的抗御能力、生产者的培育管理。因此，在以收获量价值作为保险标的时，应留给被保险人自保一定成数，促使其精耕细作和加强作物管理。如果以生产成本为保险标的，则按照作物在不同时期、处于不同生长阶段投入的生产费用，采取定额承保。

（2）收获期农作物保险。收获期农作物保险以粮食作物或经济作物收割后的初级农产品价值为承保对象，即是作物处于晾晒、脱粒、烘烤等初级加工阶段时的一种短期保险。

2. 农业保险的经营

农业保险是为国家的农业政策服务，为农业生产提供风险保障；农业保险的经营原则是：收支平衡，小灾略有结余丰年加快积累，以备大灾之年，实现社会效益和公司自身经济效益的统一。

政策性农业保险是国家支农惠农的政策之一，是一项长期的工作，需要建立长期有效的管理机制，公司对政策性农险长期发展提出以下几点建议：要有政府的高度重视和支持；坚持以政策性农业保险的方式不动摇；政策性农险的核心是政府统一组织投保、收费和大灾兜底，保险公司帮助设计风险评估和理赔机制并管理风险基金；出台相应的政策法规，做到政策性农险有法可依；各级应该加强宣传力度，使农业保险的惠农支农政策家喻户晓，以下促上；农业保险和农村保险共同发展。农村对保险的需求空间很大，而且还会逐年增加，农业保险的网络可以为广大农村提供商业保险供给，满足日益增长的农村保险需求，使资源得到充分利用；协调各职能部门关系，建立相应的机构组织，保证农业保险的顺利实施；其次各级财政部门应该对下拨的财政资金最好进行省级直接预拨，省级公司统一结算，保证资金流向明确，足额及时，保证操作依法合规；长期坚持农作物生长期保险和成本保险的策略；养殖业保险以大牲畜、集约化养殖保险为主。但不能足额承保，需给投保人留有较大的自留额，同时要实行一定比例的绝对免赔率。

3. 我国农业保险的发展

农业保险，关乎国家的粮食安全。这项工作正在"试点"之中。面对国际粮价大幅上涨和国内农民种粮积极性不高这样一个严峻形势，农业保险必须尽快"推而广之"。

《农业保险条例》第三条：国家支持发展多种形式的农业保险，健全政策性农业保险制度。农业保险实行政府引导、市场运作、自主自愿和协同推进的原则。省、自治区、直辖市人民政府可以确定适合本地区实际的农业保险经营模式。任何单位和个人不得利用行政权力、职务或者职业便利以及其他方式强迫、限制农民或者农业生产经营组织参加农业保险。

（1）种粮户要有所投入。如《中共安徽省委安徽省人民政府致全省广大农民朋友的一封信》提出，要求农户保费投入每亩负担分别是水稻 3 元、小麦 2.08 元、玉米 2.4 元、棉花 3 元、油菜 2.08 元。对此，农民朋友们应该是能够接受的。

（2）国家财政要有投入。每年年中央财政将安排若干资金，健全农业保险保费补贴制度。财政部表示，在推广保费补贴的试点省份，中央财政对种植业保险的保费比例提高至 35%。随着农业保险工作的进一步推广，相信中央财政还将作出更多的投入。

（3）产粮区地方财政要有所补贴。如《中共安徽省委安徽省人民政府致全省广大农民朋友的一封信》中说，农业保险每亩保费中的财政补贴，水稻 12 元，小麦 8.32 元，玉米 9.6 元，棉花 12 元，油菜 8.32 元。这里"财政补贴"中的"大头"正是来自安徽的地方财政；对此，安徽省能做到的，其他产粮省份也应尽快跟进。

（4）销粮区地方财政亦应有所补贴。农业保险的投入，这看似"赔本的买卖"，但赚来的是老百姓的温饱，是社会的安定。这种"得益"，不仅是产粮区，也包括销粮区。所以，对农业保费的财政补贴，销粮区地方财政也应"切出一块"来，这叫"欲取之，必先予之"。

农业保险是国家粮食安全的保护伞。当下的农业生产，仍然要在很大程度上还是靠天吃饭。而有了农业保险，农民朋友，特别是那些种粮大户，便有了"东山再起"的信心和后劲。就全国来说，只是在"有积极性、有能力、也有条件开展农业保险的省份"搞试点，而像中国第一种田大户侯安杰所在的地方，"他跑了多家保险公司，也没人愿意承接他的农业保险业务"，这正表明农业保险亟需"四轮齐转"。据统计，自然灾害每年给中国造成1 000亿元以上的经济损失，受害人口2亿多人次，其中，农民是最大的受害者，以往救灾主要靠民政救济、中央财政的应急机制和社会捐助，农业保险无疑可使农民得到更多的补偿和保障。

（四）油菜规模生产资金借贷

随着农业现代化的发展，农业生产单位所需资金不断增加，发放农业贷款的机构、项目、数量也显著增加。有的国家不但商业银行、农业专业银行和信用合作组织发放，同时政府还另设专门的农贷机构提供。贷款期限先是短期，以后又增加中期、长期。贷款项目也多种多样，如生产资料的购置，农田水利基本建设，农产品加工、贮藏、运销，以及农民家计、农村公共设施建设等等。这里主要介绍农户小额贷款。

农户小额信用贷款是指农村信用社为了提高农村信用合作社信贷服务水平，加大支农信贷投入，简化信用贷款手续，更好的发挥农村信用社在支持农民、农业和农村经济发展中的作用而开办的基于农户的信誉，在核定的额度和期限内向农户发放的不需要抵押、担保的贷款。它适用于主要从事农村土地耕作或者其他与农村经济发展有关的生产经营活动的农民、个体经营户等。

1. 贷款简介

小额贷款目前可在邮储银行和农村信用社办理。具体办理情况可到当地柜台咨询。以邮储银行小额贷款为例，邮储银行小额贷款品种有农户联保贷款、农户保证贷款、商户联保贷款和商户保证贷款四种。农户贷款指向农户发放用于满足其农业种养殖或生产经营的短期贷款，由满足条件（有固定职业或稳定收入）的自然人提供保证，即农户保证贷款；也可以由 3 ~ 5 户同等条件的农户组成联保小组，小组成员相互承担连带保证责任，即农户联保贷款。商户贷款指向微小企业主发放的用于满足其生产经营或临时资金周转需要的短期贷款，由满足条件的自然人提供保证，即商户保证贷款；也可以由 3 户同等条件的微小企业主组成联保小组，小组成员相互承担连带保证责任，即商户联保贷款。

农户保证贷款和农户联保贷款单户的最高贷款额度为 5 万元，商户保证或联保贷款最高金额为 10 万元。期限以月为单位，最短为 1 个月，最长为 12 个月。还款方式有一次性还本付息法、等额本息还款法、阶段性等额本息还款法等多种方式可供选择。

2. 贷款由来

为支持农业和农村经济的发展，提高农村信用合作社信贷服务水平，增加对农户和农业生产的信贷投入，简化贷款手续，根据《中华人民共和国中国人民银行法》《中华人民共和国商业银行法》和《贷款通则》等有关法律、法规和规章的规定，农村信用社于 2001 年推出一种新兴的贷款品种——农户小额信用贷款。农户小额信用贷款是指农村信用社基于农户的信誉，在核定的额度和期限内向农户发放的不需抵押、担保的贷款。

3. 贷款模式

四种贷款模式及担保方式：农户小额贷款最头疼的还是担保问题。目前，主要有 4 种可操作模式。

第一种是"公司＋农户"。由公司法人为紧密合作的农户贷款提供保证，如公司定向收购农户农产品、农户向公司购货并销售的情况。

第二种是"担保公司＋农户"。由担保公司为农户提供保证担保，主要适用于农业龙头公司、经济合作社等，在他们推荐或承诺基础上，经担保公司认可，为此类农户群体提供担保。

第三种是农户之间互相担保、责任连带。一般 3 人及以上农户组成一个小组，一户借款，其他成员联合保证，在贷款违约对债务承担连带责任。这种方式适用于经该行认定的专业合作社，及今年该行确定的信用村范围内的社员或村民。

第四种是房地产抵押、林权质押，以及自然人保证等灵活方式来解决担保问题。所谓自然人保证，即保证人要求是政府公务员、金融保险、教师、律师、电力、烟草等具有稳定收入的正式在职人员或个私企业主。

4. 贷款发放

（1）已被评为信用户的农户持本人身份证和《农户贷款证》到信用社办理贷款，填写《农户借款申请书》。

（2）信贷内勤人员认真审核《农户借款申请书》、《农户贷款证》及身份证等有效证件，与《农户经济档案》进行核实。

（3）信贷内勤人员核实无误后，办理借款手续，与借款人签订《农村信用社农户信用借款合同》，交给信用社会计主管审核无误后，发放贷款。

（4）信贷内勤人员同时登记《农户贷款证》和《农户经济档案》。

（5）借款人必须在《农户借款申请书》、《农村信用社农户信用借款合同》、《借款借据》上签字并加按手印。

5. 贷后管理

信用社要设立《农户贷款证登记台账》，由信贷内勤负责登记。并且《农户贷款证登记台账》《农户贷款证》和《农户经济档案》三者的记载必须真实、一致。信用社对贷款要及时检查，对可能发生的风险要及时采取措施，对已经发生的风险要及时采取保全措施确保信贷资金安全。

四、油菜生产产品价格与销售

（一）油菜价格变动信息获得

1. 油菜价格波动的规律

农产品价格波动，一方面对农民收入和农民积极性产生直接影响，另一方面又关乎百姓的日常生活和切身利益。目前影响价格变动的因素，主要有以下几方面。

（1）国家经济政策。虽然国家直接管理和干预农产品价格的种类已经很少，但是国家政策，尤其是经济政策的制定与改变，都会对农产品价格产生一定的影响。①国民经济发展速度。如果工业增长过快，农业增长相对缓慢，则造成农产品供给缺口拉大，必然引起农产品价格上涨；相反农产品增长过快，供给加大，则农产品价格下降。②国家货币政策。国家为了调整整个国民经济的发展，经常通过调整货币政策来调控国家经济。其表现为：如果放开货币投放，使货币供给超过经济增长，货币流通超出市场商品流通的需要量，将引起货币贬值，农产品价格上涨；如果为抑制通货膨胀，国家可以采取紧缩银根的政策，控制信贷规模，提高货币存贷利率，减少市场货币流量，农产品价格就会逐渐回落。多年来，国家在货币方面的政策多次变动，都不同程度地影响农产品价格。③国家进出口政策。国家为了发展同世界各国的友好关系，或者为了调节国内农产品的供需，经常会有农产品进出口业务的发生，如粮食、棉花、肉类等的进出口。农产品的进出口业务在我国加入 WTO 之后，对农产品的价格会带来很大影响。④国家或地方的调控基金的使用。农产品价格不仅关系到农民的收入和农村经济的持续发展，还关系到广大消费者的基本生活，因此国家或地方政府就要建立必要的稳定农产品价格的基金。这部分基金如何使用，必然会影响到农产品的价格。除上述之外；还有其他一些经济政策，如产业政策、农业生产资料供应政策等，都会不同程度地影响着农产品的价格。

（2）农业生产状况。农业生产状况影响农产品价格，首先是指我国农业生产在很大程度上还受到自然灾害的影响，风调雨顺的年份，农产品丰收，价格平稳；如遇较大自然灾害时，农产品歉收，其价格就会上扬。其次，我国目前的小生产与大市场的格局，造成农业生产结构不能适应市场需求的变化，造成农产品品种上的过剩，使某些农产品价格发生波动。再次，就是农业生产所需原材料涨价，引起农产品成本发生变化而直接影响到农产品价格。

（3）市场供需。绝大部分农产品价格的放开，受到市场供需状况的影响。市场上农产品供求不平衡是经常的，因此，必然引起农产品价格随供求变化而变化。尤其当前广大农民对市场还比较陌生，其生产决策总以当年农产品行情为依据，造成某些农产品经常出现供不应求或供过于求的情况，其结果引起农产品价格发生变动。

（4）流通因素。自改革开放以来，除粮、棉、油、烟叶、茶叶、木材以外，其他农副产品都进入各地的集贸市场。因当前市场法规不健全，导致管理无序，农副产品被小商贩任意调价，同时，农产品销售渠道单一，流通不畅通，客观上影响着农产品的销售价格。

（5）媒体过度渲染。市场经济条件下，影响人们对农产品价格预期形成的因素多种多样。其中，媒体宣传可能会在人们形成对某种农产品价格一致性预期方面产生显著的影响。

从根本上来说，人们对农产品价格预期的形成，来源于自己所掌握的信息及其对信息的判断。当市场信息反复显示：某种农产品价格在不断地上涨，或者在持续地下跌，这时人们就会形成农产品价格还将上涨的预期或者还将下跌的预期。

在信息化时代，人们生活越来越离不开媒体及其信息传播。我国农产品市场一体化程度已经很高，媒体如果过度渲染，人们就会强化某种农产品价格的预期，产生的危害可能更大。媒体反复传播某地某种农产品价格上涨或者下跌，人们对价格还将上涨或者下跌的预期可能会不断增强而产生恐慌心理，采取非理性行为。

2. 油菜价格变动信息获取

农业生产是自然再生产与经济再生产相交织的过程，存在着自然与市场（价格）的双重风险。随着我国经济的发展，农民收入波动在整体上已经基本摆脱自然因素的影响，而主要受制于市场价格的不确定性。价格风险对农民来说，轻则收入减少，削弱发展基础；重则投资难以收回，来年生产只得靠借债度日。农产品价格风险主要源于市场供求变化和政府政策变动的影响。因此，对农民进行价格和政策的信息传播，使农民充分了解信息，及时调整生产策略和规避风险，显得尤为重要。要实现这一目的，首先要回答在信息多样化、传播渠道多元化的环境下，农民获取信息的渠道是什么？

（1）传统渠道。根据山东省、山西省和陕西省 827 户农户信息获取渠道的调查数据的分析结果表明，无论是获取政策等政府信息，还是获取市场信息，农民获取的渠道主要是电视、朋友和村领导，信息渠道结构表现为高度集中化、单一化。在获取政策等政府信息时，有74.4%的农民首选的渠道是电视，其次是村领导和朋友，分别为55%和38.4%。在获取市场信息时，有56.6%的农民首选的渠道是朋友，其次才是电视和村领导，分别为49.3%和19.4%。农村中的其他传媒如报纸、广播、互联网等的作用微乎其微。

（2）信息化时代渠道。近年来，国家和省级开始建立农业信息发布制度，规范发布标准和时间，农业信息发布和服务逐步走向制度化、规范化。农业部初步形成以"一网、一台、一报、一刊、一校"（即中国农业信息网、中国农业影视中心、农民日报社、中国农村杂志社和中央农业广播电视学校）等"五个一"为主体的信息发布窗口。多数省份着手制定信息发布的规章制度，对信息发布进行规范，并与电视、广播、报刊等新闻媒体合作，建立固定的信息发布窗口。这也成为农民获取农产品价格信息的主要渠道。①通过互联网络获得信息。农业部已建成具有较强技术支持和服务功能的信息网络（中国农业信息网），该网络布设基层信息采集点8 000多个，建立覆盖600多个农产品生产县的价格采集系统，建有280多个大型农产品批发市场的价格即时发布系统，拥有2.5万个注册用户的农村供求信息联播系统，每天发布各类农产品供求信息300多条，日点击量1.5万次以上。农业部全年定期分析发布的信息由2001年的255类扩大到285类。全国29个省（市、区）、1/2的地市和1/5的县建成农业信息服务平台，互联网络的信息服务功能日益强大。例如，江苏省丰台中华果都网面向种养大户、农民经纪人发展网员2 000名，采取"网上发信息，网下做交易"的形式开展农产品销售，两年实现网上销售 3.5 亿元。此外,如农产品价格信息网 (www. 3w3n. com)、中国价格信息网 (www. chinapyice. gov. cn)、中国农产品交易网 (www. aptc. cn)、新农网 (www. xinnong. com)、心欣农产品服务平台 (www. xinxinjiage. com)、中国经济网实时农产品价格平台 (www. ce. cn/cycs/ncp)、金农网 (www. agyi. com. cn)、中国惠农网 (www. cnhnb. com)、中国企业信息在线网 (www. nyx-xzx. com) 等也是农民获取小麦价格信息的渠道。②通过有关部门与电视台合作开办的栏目获得信息。一些地方结合现阶段农村计算机拥有率低,而电视普及率较高的实际,发挥农业部门技术优势、电视部门网络优势和农业网站信息资源优势,实施农技"电波入户"工程,提高农技服务水平和信息入户率。③通过有关部门开办电话热线获得信息。有的地方把农民急需的新优良种、市场供求、价格等信息汇集起来并建成专家决策库,转换成语音信息,通过语音提示电话或专家坐台咨询等方式为农户服务。④通过"农信通"等手机短信获得信息。借鉴股票机的成功经验,在农村利用网络信息与手机、寻呼机相结合开展信息服务,仍有一定的开发空间。河南省农业厅、联通河南分公司、中国农网联袂推出"农信通"项目信息服务终端每天可接受 2 万余字农业科技、市场、文化生活信息,并可通过电话与互联网形成互动,及时发布农产品销售信息,专业大户依据需求还可点播、定制个性化信息。⑤通过乡村信息服务站获得信息。一些地方通过建设信息入乡进村服务站,既向农民提供市场价格、技术等信息服务,又提供种苗、农用物资等配套服务,实现信息服务和物资服务的结合。⑥通过中介组织获得信息。中介服务组织依托农业网站发布信息,既发挥网络快捷、信息量大的优势,又发挥中介组织经验丰富、客户群体集中的长处,成为今后农村信息服务的重要形式。⑦通过"农民之家"获得信息。"农民之家"主要

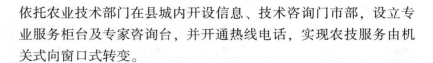

依托农业技术部门在县城内开设信息、技术咨询门市部，设立专业服务柜台及专家咨询台，并开通热线电话，实现农技服务由机关式向窗口式转变。

（二）油菜规模生产的销售策略

油菜属于大宗农产品，其销售渠道相对简单，主要有：

1. 专业市场销售

专业市场销售，即通过建立影响力大、辐射能力强的农产品专业批发市场，来集中销售农产品。一是政府开办的农产品批发市场，由地方政府和国家商务部共同出资参照国外经验建立起来的农产品专业批发市场，如郑州小麦批发市场。二是自发形成的农产品批发市场，一般是在城乡集贸市场基础上发展起来的，如山东寿光蔬菜批发市场。三是产地批发市场，是指在农产品产地形成的批发市场，一般生产的区位优势和比较效益明显，如山东金乡的大蒜批发市场。四是销地批发市场，是指在农产品销售地，农产品营销组织将集货再经批发环节，销往本地市场和零售商，以满足当地消费者需求，如郑州万邦国际果品物流城。

专业市场销售以其具有的诸多优势越来越受到各地的重视具体而言，专业市场销售集中、销量大，对于分散性和季节性强的农产品而言，这种销售方式无疑是一个很好的选择。对信息反应快，为及时、集中分析、处理市场信息，做出正确决策提供了条件。能够在一定程度上实现快速、集中运输，妥善储藏，加工及保鲜。解决农产品生产的分散性、地区性、季节性和农产品消费集中性、全国性、常年性的矛盾。

2. 产地市场

是指农产品在生产当地进行交易的买卖场所，又称农产品初级市场。农产品在产地市场聚集后，通过集散市场（批发环节）

进入终点市场（城市零售环节）。我国的农村集镇大多数是农产品的产地市场。产地市场大多数是在农村集贸市场基础上发展起来的。但产地市场存在交易规模小，市场辐射面小，产品销售区域也小，不能从根本上解决农产品卖难、流通不畅的社会问题，需要政府出面开办农产品产地批发市场。

3. 农业会展

农业会展以农产品、农产品加工、花卉园艺、农业生产资料以及农业新成果新技术为主要内容，主要包括有关农业和农村发展的各种主题论坛、研讨会和各种类型的博览会、交易会、招商会等活动，具有各种要素空间分布的高聚集型、投入产出的高效益型、经济高关联性等特点，是促进消费者了解地方特色农产品和农业对外交流与合作的现代化平台。如中国国际绿色食品博览会等。农业会展经济源于农产品市场交换，随着市场经济的发展而日益繁荣，是农业市场经济和会展业发展到一定阶段的产物。农民朋友可利用各种展会渠道，根据自身需要，积极参加农业会展，推介自己特色农产品。

4. 销售公司销售

销售公司销售，即通过区域性农产品销售公司，先从农户手中收购产品，然后外销农户和公司之间的关系可以由契约界定，也可以是单纯的买卖关系。这种销售方式在一定程度上解决了"小农户"与"大市场"之间的矛盾。农户可以专心搞好生产，销售公司则专职从事销售，销售公司能够集中精力做好销售工作，对市场信息进行有效分析、预测。销售公司具有集中农产品的能力，这就使得对农产品进行保鲜和加工等增值服务成为可能，为农村产业化的发展打下良好基础。

5. 专业合作组织销售

合作组织销售，即通过综合性或区域性的社区合作组织，如流通联合体、贩运合作社、专业协会等合作组织销售农产品。购销合作组织为农民销售农产品，一般不采取买断再销售的方式，而是主要采取委托销售的方式。所需费用，通过提取佣金和手续费解决。购销合作组织和农民之间是利益均摊和风险共担的关系，这种销售渠道既有利于解决"小农户"和"大市场"之间的矛盾，又有利于减小风险。购销组织也能够把分散的农产品集中起来，为农产品的再加工、实现增值提供可能，为产业化发展打下基础。目前，流行的"农超对接"的最基本模式就是"超市＋农民专业合作社"模式。专业合作社和超市是"农超对接"的主体，专业合作社同当地的农民合作，来帮助超市采购产品。正是由于专业合作社和大型超市的发展才使得"农民直采"的采购模式得以发展。

除此之外，农超对接还有以下几种模式：一是"超市＋基地/自有农场"模式。是指大型连锁超市走到地头去直接和农产品的专业合作社对接，建立农产品直接采购基地，实现大型连锁超市与鲜活农产品产地的农民或专业合作社产销对接。二是"超市＋龙头企业＋小型合作社＋大型消费单位/社区"模式。这种模式的一个重要中介是龙头企业，农民合作社一方面组织农户进行规模化、标准化生产，另一方面积极联络龙头企业，通过龙头企业对农产品进行加工、包装，把农产品的生产销售企业化，然后通过大型超市最终把产品流通到消费者手中。如可通过这种模式与高校食堂、大型饭店、宾馆进行合作。三是"基地＋配送中心＋社区便利店"模式。这种模式主要面对距离大型连锁超市比较远的消费者，以连锁社区便利店为主导，通过建立农产品的配送中心，与农产品的生产基地或者和当地的农民合作社直接对接。

6. 农户直接销售

农户直接销售，即农产品生产农户通过自家人力、物力把农产品销往周边地区。这种方式作为其他销售方式的有效补充，这种模式销售灵活，农户可以根据本地区销售情况和周边地区市场行情，自行组织销售。农民获得的利益大。农户自行销售避免了经纪人、中间商、零售商的盘剥，能使农民朋友获得实实在在的利益。

主要参考文献

［1］范连益，李莓，徐仁海等.2012.双低油菜高产高效新技术［M］.长沙：中南大学出版社.

［2］官春云.2013.优质油菜生理生态和现代化栽培技术［M］.北京：中国农业出版社.

［3］胡立勇.2010.油菜优质高效栽培技术［M］.武汉：湖北科学技术出版社.

［4］蒋梁材.2013.四川油菜生产实用技术［M］.成都：四川科学技术出版社.

［5］刘志.2014.现代农业生产与经营［M］.北京：中国农业科学技术出版社.

［6］刘建.2011.优质油菜高产高效栽培技术［M］.北京：中国农业科学技术出版社.

［7］全国农业技术推广中心.2009.双低油菜免耕结本增效栽培技术［M］.北京：中国农业出版社.

［8］全国农业技术推广中心.2011.长江流域油菜测土配方施肥技术［M］.北京：中国农业出版社.

［9］全国农业技术推广中心.2011.西北油菜测土配方施肥技术［M］.北京：中国农业出版社.

［10］孙万仓.2013.北方旱寒区冬油菜栽培技术［M］.北京：中国农业出版社.

［11］宋志伟.2014.农作物实用测土配方施肥技术.北京：中国农业出版社.

［12］宋志伟.2011.农作物植保员培训教程.北京：中国农业科学技术出版社.

［13］宋志伟，刘戈.2014.农作物秸秆综合利用新技术［M］.北京：中国农业出版社.